令和2年改正都市計画法等による

開発許可制度の要点

編著／開発許可制度研究会

大成出版社

はしがき

2018年（平成30年）12月。年末の政府予算案の閣議決定を前に、私はある国会議員と会っていた。

「防災対策に予算は必要だが、危ない場所に住むな、建物を建てるな、と厳しいことも言わないといけない。」と言われた。

開発許可制度に限らず土地利用規制は、この数十年間、緩和の方向にある。人口減少の今でも、土地が安価な市街化調整区域や非線引き白地地域における住宅などの開発志向は、依然として高い。

防災対策とはいえ、開発許可制度の規制強化はハードルが高く、法改正に当たっては３つの点に注力した。

１つ目は、過去の法改正を踏まえ、今回の見直しとの理屈を整理すること。昭和49年の既存宅地制度、その見直しを行った平成12年の法改正、さらに、平成４年、平成18年の法改正と整理が必要であった。

２つ目は、土地利用・開発許可制度と被災との相関関係の分析である。どの場所、どのエリアで、どういった被害があり、それが開発許可とどのような関係があるのか。データを積極的に活用し、一定の相関関係を割り出した。

３つ目は、規制内容を分かりやすく伝えること。内容の正確さはもちろん、目的や趣旨を説明するため、資料の分かりやすさにこだわった。

これらの作業は、都市計画課の開発許可班である朝津陽子さん、軍司智裕さん、長谷川佑太さん、原澤優介さん、山本孝憲さん、加藤友浩さんらが行った。連日の激務であったが、あきらめることなく的確に事務を遂行したことに、あらためて敬意を表したい。

本書により令和２年の都市計画法等の改正内容が関係者に理解され、実務等において助けになれば幸いである。

内閣府　地方創生推進事務局　参事官　喜多功彦

目　次

<各論>

【条例区域から一定の浸水想定区域の除外】

※本書の内容は、令和３年６月30日時点のものである。

第１章　災害ハザードエリアにおける開発規制の見直し

－令和２年（2020年）都市計画法等の改正－

1　はじめに

令和２年（2020年）６月に成立した「都市再生特別措置法等の一部を改正する法律」は、近年の激甚化・頻発化する自然災害に的確に対応するため、土地利用規制、開発規制、立地誘導等による防災・減災対策の強化、安全なまちづくりの推進が目的とされている。

法改正の柱の一つは、都市計画法の開発許可制度の見直しを行い、水害や土砂災害等の災害の発生のおそれがある区域（以下「災害ハザードエリア」という。）における開発規制を強化することである。都市計画法において本格的な規制強化が行われるのは、大規模商業施設等の立地規制を行った平成18年（2006年）の都市計画法の改正以来のことである。

政府の改正案は令和２年２月７日に閣議決定、同日に国会に提出され、同年５月13日に衆議院の国土交通委員会において、６月２日に参議院の国土交通委員会において審議された。国土交通委員会の法案審議では様々な質問、意見等があったが、多くは開発規制に賛同するもので、衆参両院では賛成多数で可決、６月３日に成立した。

2　法改正に至る経緯・背景

(1)　毎年発生する自然災害

令和２年７月の熊本県の球磨川等における被害は記憶に新しいところであるが、この数年、毎年のように全国各地で自然災害が発生している。

平成27年（2015年）９月に、茨城県常総市の鬼怒川において堤防決壊によって広範囲に浸水被害が発生した。また、平成28年（2016年）８月には、岩手県岩泉町で小本川が氾濫し、高齢者施設等が被災、多数の入所者が犠牲になる痛ましい被害が発生した。さらに、平成29年（2017年）７月の九州北部豪雨においては、「線状降水帯」という用語の気象現象が注目を集めたが、福岡県朝倉市などにおいては広範囲にわたって浸水被害と土砂崩れが発生した。

⑵　平成30年７月豪雨（平成30年７月）と北海道胆振東部地震（同年９月）

平成30年（2018年）７月、西日本を中心に、豪雨により広域的、同時多発的に、河川氾濫、土砂崩れが発生し、岡山県、広島県、愛媛県などで200名以上の死者・行方不明者が出た。岡山県倉敷市真備地区では、高梁川水系小田川と複数の支川がいわゆるバックウォーター現象によって決壊等し、多数の家屋が浸水した。

同年９月には、北海道胆振東部地震が発生し、北海道厚真町などで土砂崩れが発生し、札幌市などでは液状化による宅地被害を受けた。北海道全域で電気が止まる「ブラックアウト」（大規模停電）が起き、北海道から本州への送電が停止したことで、北海道及び日本全体の経済社会活動や国民生活に大きな打撃を与えた。

⑶　「防災・減災、国土強靱化のための３か年緊急対策」の策定（平成30年12月）

このような自然災害の激甚化・頻発化、国民の不安、危機意識の高まりを踏まえ、政府は、平成30年12月、**「防災・減災、国土強靱化のための３か年緊急対策」（閣議決定）**をとりまとめた。

３か年緊急対策は、

①防災のための重要インフラ等の機能維持

②国民経済・生活を支える重要インフラ等の機能維持

の２つの観点から、特に緊急に実施すべきハード・ソフト対策（**計160項目**）**を、３年間（平成30年度〜令和２年度）で集中的に実施**するものである。

具体的な内容としては、全国の河川における堤防決壊時の危険性に関する緊急対策、土砂災害対策のためのソフト対策に関する緊急対策、道路法面・盛土等に関する緊急対策などで、**３か年緊急対策の総事業費は約７兆円、国費はその半分、通常予算とは別枠・上乗せで措置されたことが最大の特徴**である。

激甚化・頻発化する自然災害

近年、毎年のように全国各地で自然災害が頻発し、甚大な被害が発生。

平成27～29年

平成27年9月
関東・東北豪雨

①鬼怒川の堤防決壊による浸水被害（茨城県常総市）

平成28年
熊本地震

②土砂災害の状況（熊本県南阿蘇村）

平成28年
台風10号

③小本川の氾濫による浸水被害（岩手県岩泉町）

平成29年7月
九州北部豪雨

④桂川における浸水被害（福岡県朝倉市）

平成30年

7月豪雨

⑤小田川における浸水被害（岡山県倉敷市）

台風第21号

⑥神戸港六甲アイランドにおける浸水被害（兵庫県神戸市）

北海道胆振東部地震

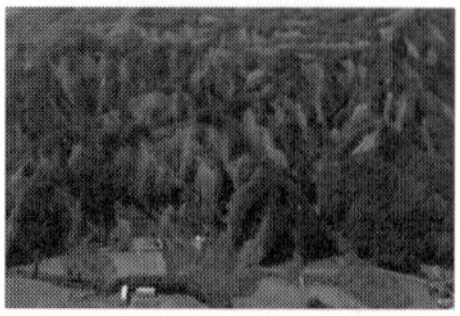

⑦土砂災害の状況（北海道勇払郡厚真町）

令和元年

房総半島台風

⑧電柱・倒木倒壊の状況（千葉県鴨川市）

東日本台風

⑨千曲川における浸水被害状況（長野県長野市）

令和2年

7月豪雨

⑩球磨川における浸水被害状況（熊本県人吉市）

また、３か年緊急対策とあわせ、５年ぶりに**「国土強靱化基本計画」（閣議決定）が改訂**された。国土強靱化のための取組強化のため、新たに**「災害リスクの高いエリアにおける立地の抑制及び同エリア外への移転を促進する」**ことが盛り込まれた。

翌平成31年（2019年）１月から、国土交通省は社会資本整備審議会の都市計画基本問題小委員会において、防災・減災対策の強化を図るための土地利用規制・開発規制、防災施策とコンパクトシティとの連携の在り方等について議論を開始し、同年７月に中間とりまとめ（「安全で豊かな生活を支えるコンパクトなまちづくりの更なる推進を目指して」）を行った。

⑷　令和元年東日本台風（令和元年10月）

令和元年（2019年）10月に発生した台風19号は、広範囲で記録的な大雨となり、関東・東北地方を中心に計140か所で堤防が決壊するなど河川が氾濫し、国管理河川だけでも約25,000ha（大阪市の面積に相当）の浸水被害が発生した。死者・行方不明者は100名を超え、住家の全半壊33,000棟超、住家浸水等68,000棟超と、極めて甚大な被害であった。

長野県の千曲川、福島県の阿武隈川などが氾濫し、関東地方では、利根川水系、荒川水系の河川の氾濫によって関東地方で広範囲な浸水被害が発生した。また、多摩川の流域では内水被害も生じ、自然災害に脆弱な首都圏の課題が浮き彫りとなった。

洪水による被害が首都圏においても発生したことは、防災・減災対策としての土地利用規制、開発規制の強化が必要との世論を高めるきっかけともなったと考えられる。

⑸　災害に脆弱な国土条件と気候変動

我が国の国土条件は、諸外国と比べて河川は急勾配であり、都市部ではゼロメートル地帯が広域にわたって存在している。国土交通省によると、洪水、地震など災害リスクにさらされている人口の割合は全体の約７割にのぼり、三大都市圏では約400万人がゼロメートル地帯に居住している。

さらに、気候変動の影響によって、短時間強雨の発生頻度は直近30～40年間で約1.4倍に拡大しており、また、氾濫危険水位を超過した河川数は平成26年（2014年）比で５倍となるなど近年さらに増加傾向にある。今世紀には洪水発生頻度が約２倍に増加するとの予想もあり、とりまく状況は厳しくなるばかりである。

⑹　防災・減災対策としての土地利用規制・誘導の必要性

このような自然災害リスク・洪水リスクの高まりに対し、安全なまちづくりを推進するため、次のような認識のもとに令和２年の都市計画法、都市再生特別措置法の改正が行われた。

激甚化・頻発化する自然災害については、堤防整備などの治水対策はもちろん、既存ダムの利水容量の治水活用など、「流域治水」の発想が不可欠であり、ハード・ソフト一体の事前防災対策を加速化することはもちろん、将来の気候変動を見据えた抜本的かつ総合的な対策が求められている。**堤防、ダム、遊水地、避難地・避難路の整備などのハード対策と、災害リスクの見える化、土地利用規制、開発規制などのソフト対策を組み合わせることで、より高い防災・減災効果が期待**される。

災害ハザードエリアには、できる限り人を住まわせない、多数の者が利用するような施設は設置しないことが重要であり、そのためには、財産権に配慮しつつ、災害ハザードエリアにおける新規開発については抑制する必要がある。既に立地している住宅、施設等については、強制的に移転を強いるのではなく、財政支援等によって自発的な移転を促していく必要がある。

加えて、平成26年（2014年）に立地適正化計画が制度化され、現在、300を超える市町村でコンパクトシティの取組が進んでいるが、**コンパクトシティ（立地適正化計画）の中に防災施策を取り込んでいく**ことも重要である。例えば、居住等を誘導するエリアでは河川堤防、避難路・避難場所等を優先的に整備するなど防災対策を強化し、**安全な都市構造へと転換**していかなければならない。人口減少時代において、場合によっては市街地や集落の戦略的な撤退が求められるなか、まずは、災害ハザードエリアから撤退を検討するというアプローチは、住民等の合意形成も図られやすい可能性がある。

3　法改正の概要

(1)　経過とスケジュール

平成30年

　7月　平成30年7月豪雨

　9月　北海道胆振東部地震

　12月「防災・減災、国土強靱化のための3か年緊急対策」、「国土強靱化基本計画（改訂）」

平成31年・令和元年

　7月　都市計画基本問題小委員会「中間とりまとめ」

　10月　令和元年東日本台風

令和2年（2020年）

　1月　都市計画基本問題小委員会　審議

　2月　改正法案　閣議決定

　5月　改正法案　衆議院可決

　6月　改正法案　参議院可決、成立

　9月　改正法施行（開発許可以外の改正部分）

　11月　改正政令閣議決定、改正政省令公布（開発許可の改正部分）

令和3年（2021年）

　4月　技術的助言発出（開発許可の改正部分）

令和4年（2022年）

　4月　改正法施行予定（開発許可の改正部分）

(2)　改正内容の全体像

今回の法改正は、激甚化・頻発化する自然災害に対応するため、特に土地利用に焦点を置き、

都市計画法及び都市再生特別措置法の改正概要（安全まちづくり関係）

頻発・激甚化する自然災害に対応するため、災害ハザードエリアにおける開発抑制、移転の促進、立地適正化計画の強化など、安全なまちづくりのための総合的な対策を講じる。

◆災害ハザードエリアにおける開発抑制
（開発許可の見直し）

<災害レッドゾーン>

-都市計画区域全域で、住宅等（自己居住用を除く）に加え、自己の業務用施設（店舗、病院、社会福祉施設、旅館・ホテル、工場等）の開発を原則禁止

<災害イエローゾーン>

-市街化調整区域における住宅等の開発許可を厳格化（安全上及び避難上の対策を許可の条件とする）

（開発許可の対象とならない小規模な住宅等の開発に対する勧告・公表）

-災害レッドゾーン内での住宅等の開発※について勧告に従わない場合は公表できることとする

※　３戸以上又は1000㎡以上の住宅等の開発で開発許可の対象とならないもの

区　域		対応
災害レッドゾーン	市街化区域 市街化調整区域 非線引き都市計画区域	開発許可を原則禁止
災害イエローゾーン	市街化調整区域	開発許可の厳格化

【都市計画法、都市再生特別措置法】

◆立地適正化計画の強化
（防災を主流化）

-立地適正化計画の居住誘導区域から災害レッドゾーンを原則除外

-立地適正化計画の居住誘導区域内で行う防災対策・安全確保策を定める「防災指針」の作成

（避難路、防災公園等の避難地、避難施設等の整備、警戒避難体制の確保等）

【都市再生特別措置法】

◆災害ハザードエリアからの移転の促進

-市町村による防災移転支援計画

（市町村が、移転者等のコーディネートを行い、移転に関する具体的な計画を作成し、手続きの代行　等）

※上記の法制上の措置とは別途、予算措置を拡充（防災集団移転促進事業の要件緩和（10戸→5戸　等））

【都市再生特別措置法】

（災害レッドゾーン
・災害危険区域（崖崩れ、出水等）
・土砂災害特別警戒区域
・地すべり防止区域
・急傾斜地崩壊危険区域）

（災害イエローゾーン
・土砂災害警戒区域
・浸水想定区域（洪水等の発生時に生命又は身体に著しい危害が生ずるおそれがある土地の区域に限る。））

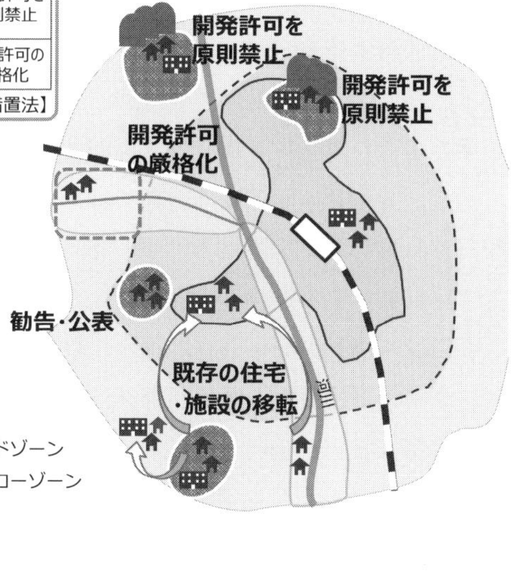

市街化調整区域　市街化区域　居住誘導区域　災害レッドゾーン　災害イエローゾーン

①災害ハザードエリアにおける新規開発の抑制
②災害ハザードエリアからの移転の促進
③コンパクトシティ（立地適正化計画）と防災施策との連携強化
を３つの柱として対策が講じられている。

①災害ハザードエリアにおける新規開発の抑制については、都市計画法の開発許可制度について見直しを行い、いわゆる災害レッドゾーン（災害危険区域、地すべり防止区域、急傾斜地崩壊危険区域、土砂災害特別警戒区域の４区域をいう。）について、店舗、医療施設、社会福祉施設、旅館・ホテル、工場等の自己業務用施設の開発を原則禁止とした。また、市街化調整区域の土砂災害警戒区域及び一定の浸水想定区域等における住宅等の開発規制を厳格化し、安全性が確保されるよう改めた。さらに、都市計画法とあわせ、都市再生特別措置法を改正し、居住誘導区域外での住宅の開発等に対する勧告制度について、勧告に従わない事業者に対する事業者名等の公表制度を創設した。

②災害ハザードエリアからの移転の促進については、都市再生特別措置法の改正により、市町村による防災移転計画の作成を制度化し、市町村が移転者等のコーディネートを行い移転に関する具体的な計画を作成する制度（居住誘導区域等権利設定等促進計画）を創設した（令和２年９月７日施行）。都市計画法では、市街化調整区域の災害レッドゾーンから住宅、施設等を移転する場合の開発許可制度の特例制度も設けている。これらの法制上の措置に加え、令和２年度予算においては、防災集団移転促進事業の戸数要件の緩和（移転後の住宅戸数の要件を「10戸以上」から「５戸以上」に緩和）など、移転に対する財政上の支援を大幅に拡充している。

③コンパクトシティ（立地適正化計画）と防災施策との連携強化については、立地適正化計画の居住誘導区域から災害レッドゾーンの除外を徹底（都市再生特別措置法施行令の改正（令和３年（2021年）10月施行予定））するとともに、都市再生特別措置法の改正により、新たに、立地適正化計画に「防災指針」を定めることとした（令和２年９月７日施行）。この「防災指針」に基づく地方公共団体等の取組に対し、国は重点的に財政支援を行って

いく予定である。

４　災害レッドゾーンと災害イエローゾーン

⑴　災害レッドゾーン

いわゆる「災害レッドゾーン」とは、都市計画法第33条第１項第８号の規定に基づき、開発不適地として開発行為が規制されている次の４区域を指す。

①**災害危険区域**（建築基準法第39条第１項）

②**地すべり防止区域**（地すべり等防止法第３条第１項）

③**急傾斜地崩壊危険区域**（急傾斜地の崩壊による災害の防止に関する法律第３条第１項）

④**土砂災害特別警戒区域**（土砂災害警戒区域等における土砂災害防止対策の推進に関する法律（以下、「土砂災害防止法」という。）第９条第１項）

これら４区域の特徴は、**建築基準法、土砂災害防止法等の各個別の法律において、住宅等の建築、開発行為等が規制**されていることである。例えば、災害危険区域については、「区域内における住居の用に供する建築物の建築の禁止その他建築物の建築に関する制限で災害防止上必要なものは、（前項の）条例で定める」（建築基準法第39条第２項）とされ、土砂災害特別警戒区域については、「開発行為で予定建築物の用途が制限用途であるものをしようとする者は、あらかじめ、都道府県知事の許可を受けなければならない」（土砂災害防止法第10条第１項）とされている。

災害レッドゾーンに関する建築基準法、土砂災害防止法等の個別法の規制は、主に、国民の生命及び身体の保護等を目的とし、比較的小規模なものを含めた建築物の建築等について、災害の種類に応じて対象用途を限定し、建築等の制限を行うものである。一方、都市計画法第33条第１項第８号の開発規制は、都市計画の目的である良好な市街地の形成、宅地の安全性確保を目的として、一定規模以上の宅地の造成等に対し、災害ハザードエリアにおけ

災害レッドゾーンと災害イエローゾーンについて

区 域		指定	（参考） 行為規制等
災害レッドゾーン →住宅等の建築や開発行為等の規制あり	災害危険区域 (崖崩れ、出水等) ＜建築基準法＞	地方公共団体	災害危険区域内における住居の用に供する建築物の建築の禁止その他建築物の建築に関する制限で災害防止上必要なものは、前項の条例で定める。（法第39条第2項）
	土砂災害 特別警戒区域 ＜土砂災害警戒区域等における土砂災害防災対策の推進に関する法律＞	都道府県知事	特別警戒区域内において、都市計画法第4条第12項の開発行為で当該開発行為をする土地の区域内において建築が予定されている建築物の用途が制限用途であるものをしようとする者は、あらかじめ、都道府県知事の許可を受けなければならない。（法第10条第1項） ※制限用途： 住宅（自己用除く）、防災上の配慮を要するものが利用する社会福祉施設、学校、医療施設
	地すべり防止区域 ＜地すべり等防止法＞	国土交通大臣、 農林水産大臣	地すべり防止区域内において次の各号の一に該当する行為をしようとする者は、都道府県知事の許可を受けなければならない。（法第18条第1項） ・のり切り（長さ3m）、 切土（直高2m）など
	急傾斜地崩壊 危険区域 ＜急傾斜地の崩壊による災害の防止に関する法律＞	都道府県知事	急傾斜地崩壊危険区域内においては、次の各号に掲げる行為は、都道府県知事の許可を受けなければ、してはならない。（法第7条第1項） ・のり切り（長さ3m）、 切土（直高2m）など
災害イエローゾーン →建築や開発行為等の規制はなく、区域内の警戒避難体制の整備等を求めている	浸水想定区域 ＜水防法＞	（洪水）国土交通大臣、 都道府県知事 （雨水出水）都道府県知事、 市町村長 （高潮）都道府県知事	なし
	土砂災害警戒区域 ＜土砂災害警戒区域等における土砂災害 防災対策の推進に関する法律＞	都道府県知事	なし
	都市洪水想定区域 都市浸水想定区域 ＜特定都市河川浸水被害対策法＞ ⋮	国土交通大臣、 都道府県知事 等	なし

災害レッドゾーンの指定状況

区域	区域数	面積
災害危険区域	22,741箇所 【令和2年4月時点】	約5.8万ha 【令和2年4月時点】
土砂災害特別警戒区域	517,243区域 【令和2年12月時点】	約22.1万ha 【令和元年8月時点】 （※1）
地すべり防止区域 ※国土交通省所管に限る	3,862区域 【平成31年3月時点】	約12.9万ha 【平成30年3月時点】
急傾斜地崩壊危険区域	32,513区域 【平成31年3月時点】	約5.7万ha 【平成30年3月時点】

都市計画区域全体		約1,024.6万ha 【令和2年3月時点】

（※1）算出に用いた土砂災害（特別）警戒区域のデータは国土数値情報（土砂災害警戒区域）の令和元年8月1日時点のデータで、土砂災害特別警戒区域：513,474区域（本データ数は基礎調査を実施し指定見込みの区域を含むため、指定済み区域数よりも大きい）

る市街地の形成を防止するため規制を行うものである。

つまり、**各個別法の規制は主に個別の行為単体に関する規制であるのに対し、都市計画法の開発規制は市街地の形成に関する規制**と整理される。

また、各個別法による建築等の規制と、都市計画法が建築の前段階としての宅地造成等の行為を規制することによって、相互補完的に規制の実効性を担保しているともいえる。

なお、令和３年の特定都市河川浸水被害対策法等の一部を改正する法律により、浸水被害に関する災害レッドゾーンとして新たに**浸水被害防止区域**（改正後の特定都市河川浸水被害対策法第56条第１項）が創設され、これに伴う都市計画法の一部改正により同法第33条第１項第８号の開発不適地に浸水被害防止区域が追加された（令和３年５月10日公布。公布から６か月以内に施行予定）。このため、今後は、災害レッドゾーンとは浸水被害防止区域を含んだ５区域を指すこととなる。浸水被害防止区域については、「開発行為のうち政令で定める土地の形質の変更を伴うものであって予定建築物の用途が制限用途であるものをする者は、あらかじめ、都道府県知事等の許可を受けなければならない。」（改正後の特定都市河川浸水被害対策法第57条第１項）とされ、開発行為が規制されている。

⑵　災害イエローゾーン

いわゆる「災害イエローゾーン」とは、災害レッドゾーンと異なり、**建築や開発行為等の規制はかかっていないものの、区域内の警戒避難体制の確保のため、行政が災害リスク情報の提供等を実施する区域**を指す。

都市計画法では明確な位置付けはないが、例えば、一般的に

①浸水想定区域（水防法第15条第１項第４号）

②土砂災害警戒区域（土砂災害防止法第７条第１項）

③津波災害警戒区域（津波防災地域づくりに関する法律第53条第１項）

などが該当する。

5　災害レッドゾーンの開発規制の強化（都市計画法改正）

(1)　自己業務用施設の開発規制の強化

都市計画法33条第１項第８号は、災害レッドゾーンにおける開発行為に関する規定で、

①「自己以外の居住の用に供する住宅」（分譲住宅、賃貸住宅など）

②「自己以外の業務の用に供する施設」（賃オフィス、賃ビル、貸店舗（ショッピングモールを含む）、貸倉庫など）

の開発について、その開発区域内に災害危険区域、地すべり防止区域、急傾斜地崩壊危険区域又は土砂災害特別警戒区域を含んではならないと定め、**災害レッドゾーンでの開発を原則禁止**している。

しかし、**自社オフィス（事務所）、店舗（スーパーマーケット、コンビニエンスストア等）、医療施設、社会福祉施設、旅館・ホテル、工場、倉庫、学校など「自己の業務の用に供する施設」（自己業務用施設）については、**開発事業者、施設所有者等が災害リスクを十分に知ることができる等の理由により、**都市計画法の制定時以来、第33条第１項第８号の規制（原則禁止）の対象外とされてきた。**

しかしながら、災害ハザードエリアにおいて自己業務用施設の開発が進み、その結果、平成29年の九州北部豪雨、平成30年７月豪雨など、近年の自然災害では、自己業務用施設が被災、利用者にも被害が及ぶ事態が生じている。

また、平成28年４月から平成30年９月までの２年半の間の災害レッドゾーンにおける自己業務用施設の開発許可の実績について国土交通省が調査したところ、計47件の開発許可が行われ、災害レッドゾーンにおける開発は現在も進行中との状況が確認されている。

このため、**災害レッドゾーンにおける市街地の形成の防止を図るとともに、利用者等の安全性を確保する観点から、**都市計画法第33条第１項第８号を改正し、自社オフィス、店舗、医療施設、社会福祉施設、旅館・ホテル、

工場、学校などの**自己業務用施設について、災害レッドゾーンにおける開発を原則禁止**することとされた。

なお、個人が自ら居住する戸建て住宅（自己の居住の用に供する住宅）を建築する場合の開発行為については、災害レッドゾーンにおける市街化の進展に与える影響、当該住宅の利用者数等が業務用施設等に比べて少ないことから、引き続き、規制（原則禁止）の対象外となっている。

⑵　規制の対象となる自己業務用施設の規模、既存施設に対する規制の適用等

自己業務用施設に対する都市計画法第33条第１項各号の基準（いわゆる技術基準）の適用については、一定規模以上の開発に限定するなど規模要件を設けている場合と、そうでない場合がある。今回の法改正の災害レッドゾーンにおける開発規制は、利用者等の安全に関わる事項であることも踏まえ、第33条第１項第８号では規模要件は設けないこととされた。したがって、都市計画法第29条第１項の開発許可の一般的な規模要件が適用されることとなり、市街化区域については1,000㎡以上（三大都市圏にあっては500㎡）、非線引き都市計画区域については3,000㎡以上、市街化調整区域については原則全ての開発行為が規制の対象となる。

既に立地している既存施設については、開発許可制度は、基本的に新規の開発を対象とするものであるため、今回改正された規制は適用されない。また、既存施設の建替えについては、敷地の拡張や盛土等、土地の区画形質の変更を伴う工事を行わない限り、規制の対象外である。災害ハザードエリアに立地する既存施設については、地方公共団体等はその状態を放置するのではなく、住民等に災害リスクを分かりやすく伝え、自主的な移転を促していくことが求められるものと考えられる。

災害レッドゾーンにおける開発の原則禁止

現行（都市計画法第33条第1項第8号）

- 自己以外の居住の用に供する住宅
  （分譲住宅、賃貸住宅　等）
- 自己以外の業務の用に供する施設
  （貸オフィス、貸ビル、貸店舗（ショッピングモールを含む）、貸倉庫（レンタルボックスを含む）、その他賃貸用の業務用施設　等）

の開発は

レッドゾーン

- 災害危険区域（出水等）
- 地すべり防止区域
- 土砂災害特別警戒区域
- 急傾斜地崩壊危険区域

を原則含まないこと

↓ 規制対象に自己業務用施設を追加

見直し

- 自己以外の居住の用に供する住宅
  （分譲住宅、賃貸住宅　等）
- 自己以外の業務の用に供する施設
  （貸オフィス、貸ビル、貸店舗（ショッピングモールを含む）、貸倉庫（レンタルボックスを含む）、その他賃貸用の業務用施設　等）
- **自己の業務の用に供する施設**
  （自社オフィス、自社ビル、自社店舗（スーパー、コンビニを含む）、病院、社会福祉施設、旅館・ホテル、工場、倉庫　等）

の開発は

レッドゾーン

- 災害危険区域（出水等）
- 地すべり防止区域
- 土砂災害特別警戒区域
- 急傾斜地崩壊危険区域

を原則含まないこと

【例外】 以下のような場合には、開発を例外的に許容

〈具体例〉
- 災害レッドゾーンの指定が解除されることが決定している場合
- 開発区域に占める災害レッドゾーンの割合が僅少であるとともに、フェンスを設置すること等により当該災害レッドゾーンの利用を禁止し、又は制限する場合
- 工房、倉庫等の自己業務用の施設で利用者が開発許可の申請者のみの場合
- 災害危険区域を指定する条例による建築の制限に適合する場合　　等

土砂災害のおそれのある箇所で開発し、被災した事例①

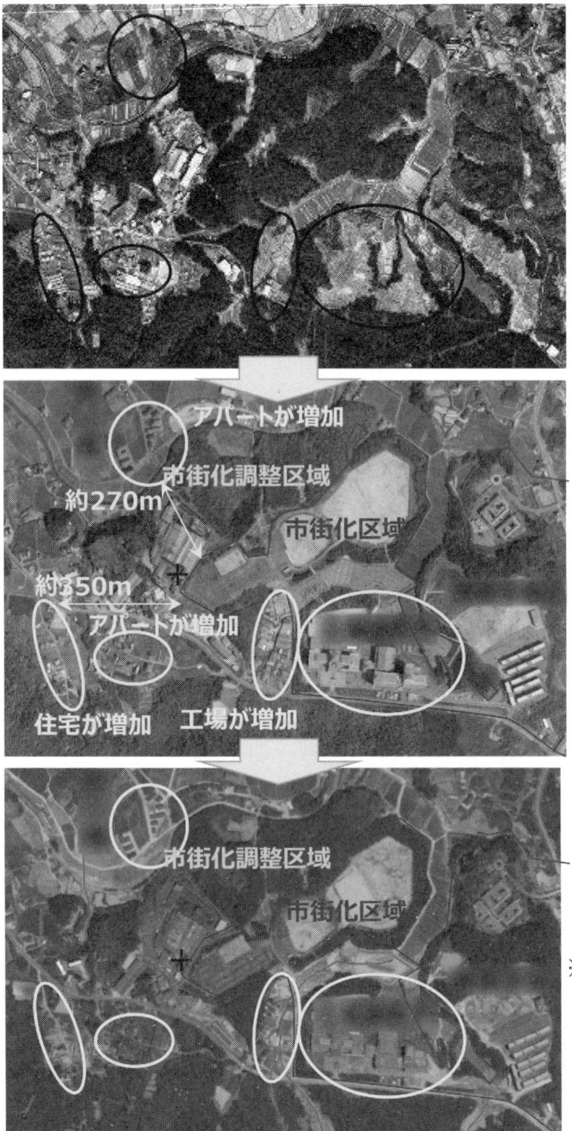

- 平成30年7月豪雨で被災（土砂流入、広島県）
- 市街化調整区域、市街化区域
- 土砂災害特別警戒区域

1974年　開発前

2007年　開発後

2018年 被災後
※赤線は土石流のルート

（画像：
いずれも国土地理院）

土砂災害のおそれのある箇所で開発し、被災した事例②

- 平成30年7月豪雨（西日本豪雨）で被災
  （土砂流入、愛媛県）
- 非線引きの都市計画区域
- 土砂災害警戒区域

1975年　空中写真
（出典：愛媛県資料）

2013年　空中写真
（出典：愛媛県資料）

2018年　被災後
（死者1名）
（出典：国土地理院）

⑶ 例外的に許可（法第33条第１項第８号ただし書の適用）する場合の考え方

都市計画法33条第１項第８号のただし書は、「ただし、開発区域及びその周辺の地域の状況等により支障がないと認められるときは、この限りでない。」と規定し、災害レッドゾーンにおける開発であっても、開発許可の事務を行う地方公共団体（以下、「開発許可権者」という。）が支障ないと認めれば、例外的に許可できることを定めている。

この例外的な許可の取扱いについては、従来、法令、通知等において特段の考え方が示されていなかったが、今回の法改正にあわせ、国は技術的助言（「都市再生特別措置法等の一部を改正する法律による都市計画法の一部改正に関する安全なまちづくりのための開発許可制度の見直しについて（技術的助言）」令和３年４月１日付国都計第176号。以下「令和３年通知」という。）として、例外的に許可を行う場合の例示を以下のとおり示した。

①災害レッドゾーンの指定が解除されることが決定している場合又は短期間のうちに解除されることが確実と見込まれる場合

②開発区域の面積に占める災害レッドゾーンの面積の割合が僅少であるとともに、フェンスを設置すること等により災害レッドゾーンの利用を禁止し、又は制限する場合

③自己業務用の施設であって、開発許可の申請者以外の利用者が想定されない場合

④災害危険区域を指定する条例による建築の制限に適合する場合

⑤①から④までの場合と同等以上の安全性が確保されると認められる場合

いずれにせよ、開発許可権者は、例外的な許可の適用に当たって、災害リスクに関し開発区域及び周辺の状況等を踏まえた総合的な判断が求められる。

また、建築基準法、土砂災害防止法等の個別法において建築や開発行為が認められない場合には、基本的に、開発許可制度においても許可を行うことは適切ではないと考えられる。開発許可権者は、災害レッドゾーンにおける許可の判断に当たっては、建築基準法、土砂災害防止法等を担当する特定行

政庁、都道府県等の関係部署と連携が必要である。

⑷ 災害イエローゾーンにおける開発を原則禁止としない理由

浸水想定区域等の災害イエローゾーンについては、行政が災害リスク情報の提供等を実施する区域であり住宅等の建築や開発行為等の規制がかかっていない。また、我が国のまちが河川流域や山地丘陵の間等に形成されてきたことも踏まえると、浸水想定区域等における開発規制を都市計画区域の全域で行うことについては、慎重な検討が必要であるものと考えられ、現時点において、市街化区域や非線引きの都市計画区域内での開発は規制されていない。今後の自然災害の発生動向、被害の状況によっては、国において規制の見直しの検討がなされることも考えられる。

災害レッドゾーンにおける開発の状況

	災害危険区域	地すべり防止区域	土砂災害 特別警戒区域	急傾斜地 崩壊危険区域
自己業務用 合計：47件	11件	2件	26件	8件
	病院 児童福祉施設 認定こども園 有料老人ホーム グループホーム 事務所兼倉庫 工場 造船所 産廃処理施設	事務所兼倉庫 コンビニ	小学校・中学校 老人福祉施設 児童福祉施設、 保育園 社会福祉施設 事務所 旅館・ホテル ドラッグストア ドライブイン ガソリンスタンド 教会・寺院 葬祭会館 店舗 工場 倉庫	病院 工場 集会所 寺院

国土交通省により、すべての開発許可権者（590自治体）に対しアンケート調査を実施。
（調査対象期間：平成28年4月1日～平成30年9月30日）
（調査期間：平成30年11月28日～12月19日、令和元年12月24日～令和2年1月10日）

法第33条各号（いわゆる技術基準）の適用関係

技術基準の適用（建築物） 適用基準 （法第33条第１項　下欄番号は号数）	居住用		業務用	
	自己	非自己	自己	非自己
	戸建住宅 （分譲以外）	分譲住宅、賃貸住宅	学校、病院、社福、ホテル、工場、事務所	貸店舗、賃貸オフィス、貸倉庫
2. 道路・公園等の施設の配置・構造 （道路の幅員6m、3%公園など）	非適用	適用	適用	適用
3. 排水施設の構造・能力（下水道）	適用	適用	適用	適用
4. 給水施設の構造・能力（上水道）	非適用	適用	適用	適用
5. 地区計画等の内容適合	適用	適用	適用	適用
7. 地盤・崖の安全	適用	適用	適用	適用
8. 災害危険エリア（災害危険区域、土砂災害特別警戒区域等）からの除外	非適用	適用	**非適用⇒適用**	適用
9. 樹木の保存・表土の保全	一部適用 （１ha以上）	一部適用 （１ha以上）	一部適用 （１ha以上）	一部適用 （１ha以上）
10. 騒音・振動等の緩衝帯	一部適用 （１ha以上）	一部適用 （１ha以上）	一部適用 （１ha以上）	一部適用 （１ha以上）
11. 輸送施設の便（鉄道の確保）	一部適用 （40ha以上）	一部適用 （40ha以上）	一部適用 （40ha以上）	一部適用 （40ha以上）
12. 申請者の資力・信用	非適用	適用	一部適用 （１ha以上）	適用
13. 工事施行者の能力	非適用	適用	一部適用 （１ha以上）	適用

※ 1号：用途地域への適合、6号：公共施設・公益施設の配置、14号：関係権利者の同意

法第33条第1項第8号の規制の対象建築物

		法改正前から対象	**法改正により対象**	引き続き対象外
居住用		○分譲住宅（戸建、マンション） ○賃貸住宅		○戸建住宅 （分譲以外）
業務用	商業施設 店舗	○貸店舗 ○貸飲食店	**○個人商店 ○店舗、スーパー**	
	社会福祉	－	**○社会福祉施設**	
	学校	－	**○学校**	
	病院・診療所	－	**○病院・診療所**	
	ホテル、旅館	－	**○ホテル、旅館**	
	オフィス・事務所	○賃オフィス	**○自社ビル**	
	倉庫	○貸倉庫、レンタルボックス	**○自社倉庫**	
	工場	－	**○自社工場**	

法第33条第1項第8号ただし書許可について

令和２年度 開発許可制度の見直しに関する技術的助言より
（令和３年４月１日付 国都計第176号）

【原則】 災害レッドゾーンでは開発禁止

【例外】 以下のような場合には、開発を例外的に許容

＜具体例＞

・ 災害レッドゾーンの指定が解除されることが決定している場合

・ 開発区域に占める災害レッドゾーンの割合が僅少であるとともに、
フェンスを設置すること等により当該災害レッドゾーンの利用を禁止し、又は制限する場合

・ 工房、倉庫等の自己業務用の施設で利用者が開発許可の申請者のみの場合

・ 災害危険区域を指定する条例による建築の制限に適合する場合　　　等

6　市街化調整区域の浸水想定区域等における開発規制の厳格化（都市計画法改正）

⑴　市街化調整区域における浸水被害と開発規制の厳格化

令和元年10月に発生した台風19号（令和元年東日本台風）は広範囲で記録的な大雨となり、関東・東北地方において堤防決壊等により河川が氾濫し、浸水被害が各地で発生した。

浸水被害が激しかった長野市、水戸市、川越市、郡山市及び須賀川市の５市について、国土地理院が作成した浸水推定断彩図をもとに、浸水被害が生じた区域の面積を国土交通省が算定したところ、市街化調整区域で浸水被害が多かった。また、市街化調整区域における開発を条例により特例的に認めている開発許可権者について、河川の洪水被害の発生箇所を国土交通省が調査したところ、**市街化調整区域における被害が８割以上**であった。これらのエリアでは、住宅等の浸水被害も数多く発生していた。

市街化調整区域は、都市計画において市街化を抑制すべき区域であるとされ、調査結果からも、市街化区域と比べ相対的に浸水しやすいことが判明している。しかし、市街化調整区域においては浸水想定区域であっても、安全性を確認することなく許可されているのが実態である。

国では、こうした状況を踏まえ、今回の法改正等により、**市街化調整区域における浸水想定区域等の開発規制を厳格化し、浸水想定区域等のうち**安全性が確保されていない土地の区域については、**市街化調整区域において条例により開発を特例的に認める区域**（都市計画法第34条第11号及び第12号の規定により許可が可能となる区域）**から除外する**こととした。

⑵　法改正等の内容

都市計画法第34条第11号及び第12号は、市街化を抑制すべき市街化調整区域について、市街化区域と隣接、近接する等の一定の区域等を開発許可権者が条例（いわゆる11号条例、12号条例）で指定すれば、市街化区域と同様に開発を許容することができる特例を定めている規定である。

これらの条例による区域指定に当たっては、現行の都市計画法施行令第29条の８及び第29条の９の規定によって、原則「溢水、湛水、津波、高潮等による災害の発生のおそれのある土地の区域」を区域から除外するよう定められている。しかし、実態は、災害レッドゾーンの除外は徹底されておらず、浸水の危険性についてはほとんど考慮されていない状況である。

このため、今回の法改正と政令改正では、条例区域から除外する災害ハザードエリアが明確化された。具体的には、法改正（都市計画法第34条第11号及び第12号）により、条例の区域指定に当たっては災害の防止の観点が特に重要であることが明記されたとともに、政令改正（改正後の都市計画法施行令第29条の９及び第29条の10）により、以下のとおり、**除外すべき災害ハザードエリアを個別具体的に列挙された。**

①災害危険区域

②地すべり防止区域

③急傾斜地崩壊危険区域

④土砂災害特別警戒区域（レッドゾーン）及び土砂災害警戒区域（イエローゾーン）

⑤浸水想定区域のうち、土地利用の動向、浸水した場合に想定される水深その他の国土交通省令で定める事項を勘案して、洪水、雨水出水又は高潮が発生した場合には建築物が損壊し、又は浸水し、住民その他の者の生命又は身体に著しい危害が生ずるおそれがあると認められる土地の区域

⑥そのほか、溢水、湛水、津波、高潮等による災害の発生のおそれのある土地の区域

なお、都市計画法第43条第１項の許可についても、同様の改正がされた（都市計画法施行令第36条第１項第３号）。

⑶　土砂災害警戒区域（イエローゾーン）

平成30年７月豪雨では、西日本を中心に各地で土砂災害が相次いだ。都市計画の区域区分（市街化区域と市街化調整区域とを区分）を行っている地方公共団体について、平成30年７月豪雨による土砂災害の被災箇所を国土交通省において調査したところ、市街化区域の被災箇所は228箇所に対し、**市街化調整区域の被災箇所は1,950箇所と、市街化区域の８倍以上**であった。

この調査でも分かるように、昨今の自然災害において市街化調整区域での土砂災害が頻発している状況も踏まえ、市街化調整区域内の土砂災害特別警戒区域（レッドゾーン）だけでなく、土砂災害警戒区域（イエローゾーン）についても開発規制の対象となった。

(4)　浸水想定区域

11号条例又は12号条例を制定している開発許可権者における令和元年東日本台風の洪水被害の発生箇所を調査したところ、**市街化調整区域内における被害が８割以上**であった。

市街化調整区域は都市計画において市街化を抑制すべき区域とされ、また、市街化区域と比べ相対的に浸水しやすく、昨今の自然災害により浸水被害が発生している。こうした状況を踏まえ、今回の法改正等では市街化調整区域内の一定の浸水想定区域における開発についても規制強化の対象となった。

11号条例及び12号条例の区域から除外すべき浸水想定区域は、水防法の浸水想定区域の全域ではない。仮に、全域とした場合には、対象区域が広範となり、合理的な土地利用を阻害するおそれがある。我が国の国土条件や、都市の歴史的成り立ち等に鑑みれば、人命等に危害が生じないような比較的軽度な浸水被害については許容せざるを得ないものと考えられる。したがって、**除外の対象となるのは「浸水想定区域のうち、土地利用の動向、浸水した場合に想定される水深その他の国土交通省令で定める事項を勘案して、洪水、雨水出水又は高潮が発生した場合には建築物が損壊し、又は浸水し、住民その他の者の生命又は身体に著しい危害が生ずるおそれがあると認められる土地の区域」**（改正後の都市計画法施行令第29条の９）である。政令では定量的な基準が設定されていないが、国土交通省令により土地利用の動向、浸水した場合に想定される水深等を勘案することとし、国の令和３年通知では、想定浸水深（浸水した場合に想定される水深をいう。）２～３ｍを目安として、当該水深以上となる区域については原則として条例区域から除外することと示されている。

なお、想定浸水深が２～３ｍを超える区域であっても開発行為における対策等によっては安全性が確保される場合が考えられる。このため、令和３年通知では、洪水等が発生した場合に水防法第15条第１項に基づき市町村地域防災計画に定められた同項第２号の避難場所への確実な避難が可能な土地の区域や、開発許可に際し都市計画法第41条第１項の制限又は第79条の条件として安全上及び避難上の対策の実施を求めることとする旨を11号条例や12号条例、審査基準等において明らかにした土地の区域等については、社会経済活動の継続が困難になる等の地域の実情に照らしやむを得ない場合、想定浸水深が２～３ｍを超える区域であっても条例区域に含むことを妨げるものではないこととしている。

このように、条例の区域設定を厳格化することで、今後、市街化調整区域内の一定の浸水想定区域における開発許可は、開発地及び周辺の浸水リスクを踏まえ、建築物の地盤面や床面が浸水した場合に想定される水深以上の高さを有するか、開発地から確実に避難が可能であるかなど、必要な安全性の確保が求められることとなる。

市街化調整区域の浸水想定区域で開発し、被災した事例①

- 令和元年台風19号で被災（浸水、埼玉県）
- 市街化調整区域
- 浸水想定区域（想定浸水深：３～５ｍ）

1988年　開発前

2007年　開発後

2019年　被災後

（画像：いずれも国土地理院）

市街化調整区域の浸水想定区域で開発し、被災した事例②

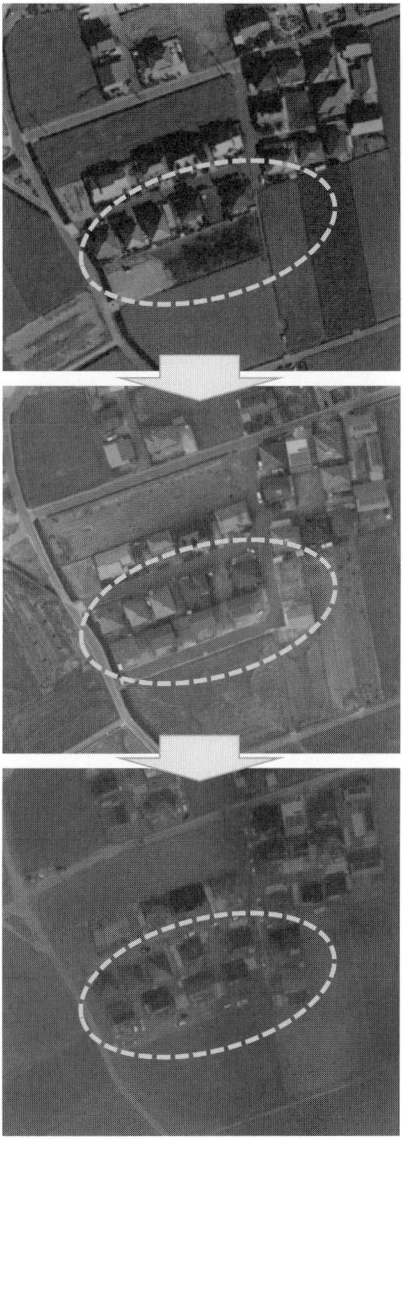

- 平成30年7月豪雨で被災（浸水、岡山県）
- 市街化調整区域
- 浸水想定区域（想定浸水深：10～20m）

2007年　開発前

2015年　開発後

2018年 被災後

（画像：いずれも国土地理院）

市街化調整区域の災害ハザードエリアにおける開発許可の厳格化

現行（都市計画法第34条第11号、12号）

- 　市街化を抑制すべき市街化調整区域であっても、市街地の隣接、近接する等の区域のうち、地方公共団体が条例（いわゆる11号条例、12号条例）で区域等を指定すれば、市街化区域と同様に開発が可能。
- 　条例での区域の指定に当たっては、政令（都計法施行令第29条の８、29条の９）において、原則として「溢水、湛水、津波、高潮等による災害の発生のおそれのある土地の区域」等を指定区域から除外するよう定められているが、除外が徹底されていない場合もある。

↓ 11号条例、12号条例の区域から、災害ハザードエリアの除外を徹底

見直し

- 11号条例・12号条例の区域から以下の災害ハザードエリアを除外

＜災害レッドゾーン＞

- 災害危険区域
- 地すべり防止区域
- 急傾斜地崩壊危険区域
- 土砂災害特別警戒区域

＜災害イエローゾーン＞

- 土砂災害警戒区域
- 浸水想定区域
（洪水等の発生時に生命又は身体に著しい危害が生ずるおそれがある土地の区域に限る。）

→ **想定浸水深が3.0m**※以上となる区域
（このほか、浸水継続時間等も考慮）

※　原則として想定最大規模降雨（1,000年に一度の降雨）に基づく浸水深。ただし、当分の間、計画降雨（100～200年に一度の降雨）に基づく想定浸水深も許容。

● 土砂災害警戒区域及び浸水想定区域については、以下のような場合には条例区域からの除外は不要

土砂災害警戒区域

次のいずれかの場合には、**条例区域からの除外は不要**

① 土砂災害が発生した場合に、土砂災害防止法に基づき地域防災計画に定められた避難場所への確実な避難が可能な区域である場合

② 土砂災害を防止・軽減する施設の整備などの防災対策※が実施された区域である場合
※ 砂防堰堤の整備など

③ ①・②と同等以上の安全性が確保されると認められる区域である場合

浸水想定区域

次のいずれかの場合には、想定浸水深が3.0mを超えても
条例区域からの除外は不要

① 洪水等が発生した場合に、水防法に基づき地域防災計画に定められた避難場所への確実な避難が可能な区域である場合

② 都市計画法による制限や許可の条件として、建築物やその敷地について安全上及び避難上の対策※の実施を求めることを条例や審査基準等で明らかにしている区域である場合
※ 床面嵩上げ、地盤嵩上げなど

③ ①・②と同等以上の安全性が確保されると認められる区域である場合

令和元年東日本台風の洪水被害の発生区域

■令和元年東日本台風による浸水面積と区域別の割合

洪水被害が大きかった5市について、国土地理院作成の浸水段彩図をもとに、浸水被害が生じた区域の面積を算出したところ、市街化調整区域において広く浸水被害が発生。

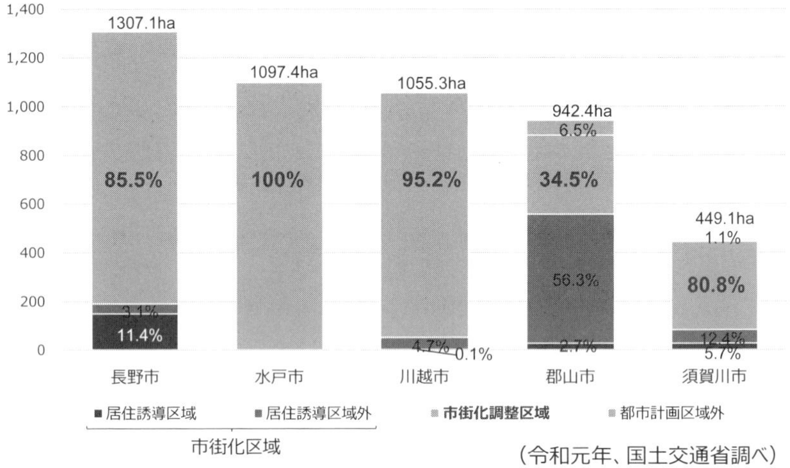

（令和元年、国土交通省調べ）

■関東29市町における洪水被害（決壊、越水、溢水等）の発生場所

令和元年東日本台風の関東地方の被害を調査（※法第34条第11号又は第12号の条例に基づく開発許可件数が20件以上（平成29年度）であって、令和元年東日本台風により、国管理河川又は県管理河川の洪水被害(決壊、越水、溢水等)があった地方公共団体（29市町）の被害発生場所を調査）したところ、洪水被害の発生場所は市街化調整区域が８割を占める。

市街化区域	市街化調整区域	都市計画区域外
13 （16%）	**68** **（82%）**	2 （2%）

令和元年東日本台風の洪水被害が大きかった関東地方、茨城県、栃木県、群馬県及び埼玉県について、都市計画法第34条第11号又は第12号の条例に基づく開発許可件数が20件以上（平成29年度）であって、令和元年東日本台風により、国管理河川又は県管理河川の洪水被害（決壊、越水、溢水等）があった地方公共団体（29市町）の被害発生場所を調査。

対象自治体（29市町）
茨城県　水戸市、結城市、常総市、つくば市、ひたちなか市、那珂市、筑西市、坂東市、神栖市、茨城町、八千代町
栃木県　宇都宮市、足利市、栃木市、佐野市、小山市
群馬県　高崎市、邑楽町
埼玉県　川越市、熊谷市、行田市、飯能市、東松山市、狭山市、深谷市、上尾市、入間市、坂戸市、日高市

平成30年7月豪雨の土砂災害発生箇所

（令和元年、国土交通省調べ）

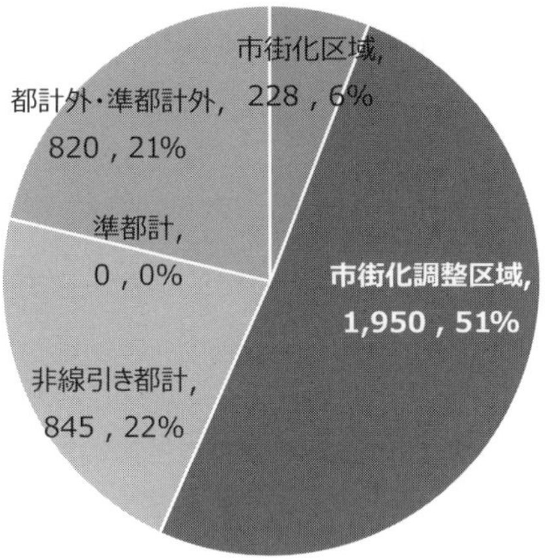

国土地理院が公開している平成30年7月豪雨の崩壊地等分布図より、掲載されている被災箇所のうち、区域区分されている地方公共団体内にある3,614の被災箇所の区域区分を、国土交通省において分析。なお、複数の区域にわたる被災箇所はそれぞれの区域に計上。

区域区分等の面積比較

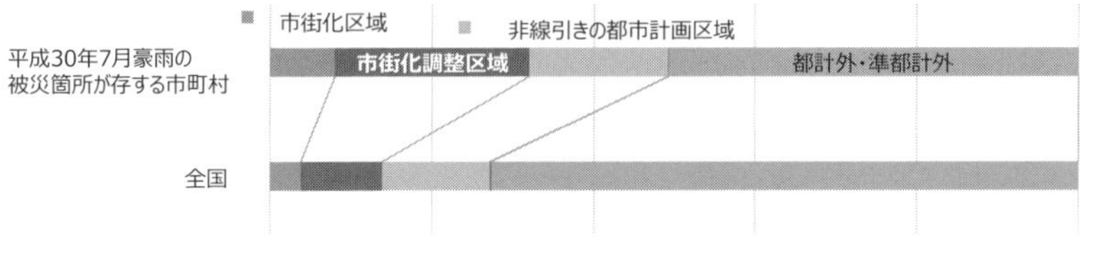

平成30年7月豪雨の被災箇所が存する市町村における市街化調整区域の面積が市街化区域の面積よりも際立って広いということはなく、全国の面積割合と同様の傾向。

⑸ 条例区域の明確化

令和３年通知では、このほかに、11号条例及び12号条例の区域の明確化についても示している。

これは、平成31年１月から開催されていた都市計画基本問題小委員会における、コンパクトシティの理念に反した11号条例の運用等により市街地の拡散が進行しているとの指摘を受けたものである。従来から、11号条例等の運用については、一部の地方公共団体において条例区域を明確にせず、市街化調整区域全域において11号等に基づく許可を行うほか、かつての既存宅地制度と同様の運用を行っている実態が指摘されていた。

このため、令和３年通知では、まず、土地所有者等が自己の権利に係る土地が条例区域に含まれるかどうかを容易に認識することができるよう、条例区域を客観的かつ明確に示すとともに、ウェブサイトに掲載する等簡易に閲覧できるようにすべきであるとされた。また、条例区域を客観的かつ明確に示す具体的な方法として、地図上に条例区域の範囲を示す、地名・字名、地番、道路等の施設、河川等の地形・地物等を規定する等により条例区域の範囲を特定すること、地図上に条例区域の範囲を示す場合には、申請者にとって開発区域が条例区域に含まれるか否かを判別しやすくする観点から、地図の縮尺は可能な限り大きくすることが望ましいことが示された。さらに、市街化調整区域の全域に条例区域を指定している場合や、「既存集落」といった抽象的な規定により条例区域としている場合には、法の趣旨を踏まえ指定方法を見直すべきことも明確に示された。

条例区域における災害ハザードエリアの取扱い（現状）

災害レッドゾーンの除外が徹底されておらず、また、浸水想定区域はあまり考慮されていない。

■法第34条第11号の条例

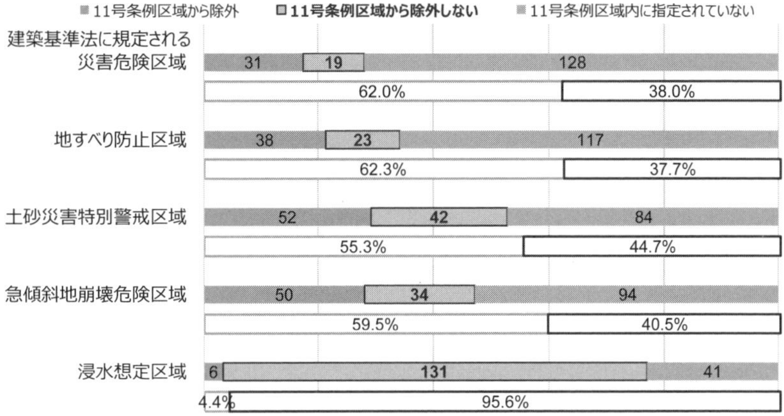

■法第34条第11号の条例

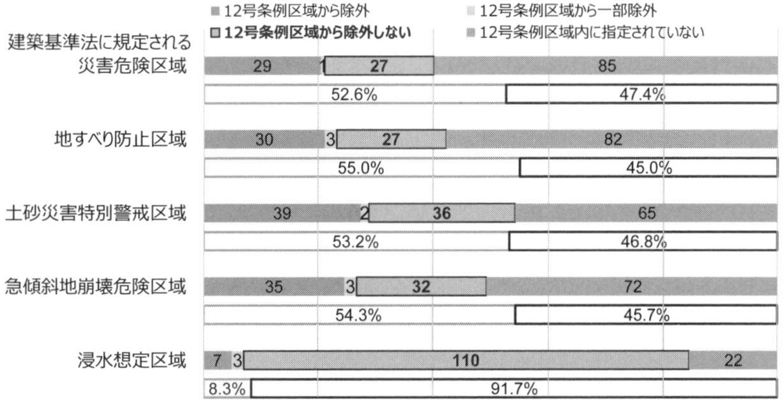

国土交通省により、すべての開発許可権者（592自治体）に対しアンケート調査を実施。
11号：条例を制定している178自治体について集計。
12号：条例において区域を指定している144自治体のうち、回答のあった142自治体について集計。

（調査時点：令和2年1月6日）
（調査期間：令和元年12月24日～令和2年1月10日）

「11号条例・12号条例区域」の明確化

令和２年度 開発許可制度の見直しに関する技術的助言より
（令和３年４月１日付 国都計第176号）

土地所有者等が、自己の権利に係る土地が条例区域に含まれるかどうかを容易に認識できるよう、**(1)条例区域を客観的かつ明確に示す**とともに、**(2)簡易に閲覧できるようにする**。

(1)条例区域を客観的かつ明確に示す方法の例

・地図上に条例区域の範囲を示す。

・地名・字名、地番、道路等の施設、河川等の地形・地物等を規定し、条例区域の範囲を示す。

(2) 簡易に閲覧できるようにする方法の例

・ウェブサイトに条例区域の図面を掲載する。

＜参考＞日本における家屋の２階床面の高さ
※出典：水害ハザードマップ作成の手引き

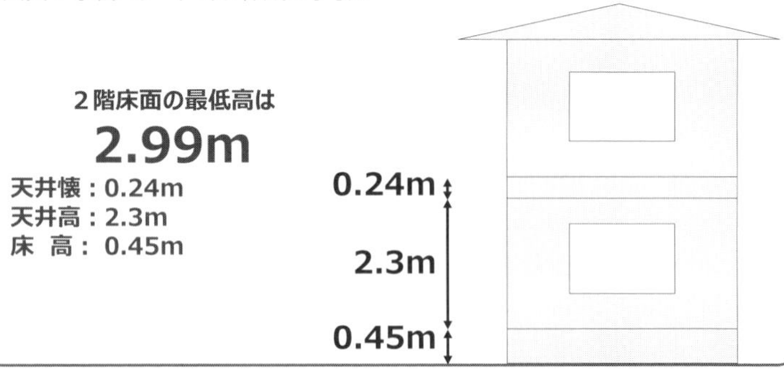

7　災害ハザードエリアの開発等に対する勧告・公表制度（都市再生特別措置法改正）

⑴　制度の概要

現行の都市再生特別措置法では、立地適正化計画の区域のうち、居住誘導区域外において、

①３戸以上の住宅や社会福祉施設等の市町村が条例で定める居住用施設、又は

②１戸若しくは２戸の住宅や社会福祉施設等の市町村が条例で定める居住用施設で、規模が1,000㎡以上のものなどの開発行為等を行おうとする場合

は、市町村への届出が必要で、届出行為が住宅等の立地の誘導を図る上で支障があるときは、市町村は勧告できることとなっている。

今回の法改正では、**勧告制度を拡充し、災害レッドゾーンにおける住宅の開発等について勧告に従わなかった場合は、事業者名等を公表できること**とした。

これは、今回の都市計画法改正によって、災害レッドゾーンでの自己業務用施設の開発が原則禁止とされ、市街化調整区域における浸水想定区域等での住宅等の開発規制が厳格化されることとなったが、開発許可は規模要件があり、比較的小規模な住宅の開発等（非線引き都市計画区域については3,000㎡未満）には適用されないため、都市再生特別措置法に新たな公表制度を設けることで、非線引き都市計画区域においても**災害レッドゾーンでの比較的小規模な住宅の開発等を効果的に抑制する**ことを目的としたものである。

⑵　開発抑制の効果

今回新たに創設される公表制度では、事業者名とともに当該住宅等を特定できる情報が公表されることとなる。

これらの情報が公表されることにより、当該住宅等の購入を検討する者にとっては、契約段階の重要事項説明に先駆けて当該物件が災害レッドゾーンにおいて立地していることが明らかになるほか、売主が市町村の勧告に従わない事業者であることが分かるなど、購入の歯止めに一定の効果があるものと考えられる。また、事業者に対しても、その社会的評価の低下が事業活動に与える影響が相当程度あることを踏まえると、災害レッドゾーンでの住宅の開発等に一定の抑止力が働くと考えられる。

⑶　勧告・公表制度と開発許可制度との連携

今回拡充される公表制度と既存の勧告制度を活用し、

①非線引き都市計画区域において、災害レッドゾーンでの3,000㎡未満の住宅の開発等を行う悪質な事業者に対する事業者名等の公表

②市街化区域や非線引き都市計画区域において、居住誘導区域から除外された災害イエローゾーンで住宅の開発等を行う事業者に対する勧告

等を実施することで、開発許可制度とあわせ、災害ハザードエリアにおける開発の抑制に大きな効果が期待される。

地方公共団体における勧告・公表制度の担当部署と開発許可制度の担当部署とは異なることも想定されるが、互いに連携し、災害ハザードエリアにおける開発等の事案に適切に対処していくことが求められる。

災害ハザードエリアでの開発等に対する勧告・公表制度
（都市再生特別措置法）

現行

立地適正化計画の区域のうち、**居住誘導区域外**において、
３戸以上の住宅又は１戸若しくは２戸の住宅で規模が1,000㎡以上のもの
の開発行為等を行おうとする場合

⇨ A．**市町村長に届け出なければならない**

B．届出に係る行為が住宅等の立地の誘導を図る上で
支障があると認めるときは、**必要な勧告をすることができる**

⇩ 災害レッドゾーンでの開発等に対する
公表制度の創設等

見直し

立地適正化計画の区域のうち、**居住誘導区域外**において、
３戸以上の住宅又は１戸若しくは２戸の住宅で規模が1,000㎡以上のもの
の開発行為等を行おうとする場合

⇨ A．**市町村長に届け出なければならない**

B．届出に係る行為が住宅等の立地の誘導を図る上で
支障があると認めるときは、**必要な勧告をすることができる**

C．レッドゾーンでの開発等に対する勧告について、事業者がこれに従
わなかったときは、事業者名等を公表することができる

レッドゾーン
- 災害危険区域（出水等）
- 地すべり防止区域
- 土砂災害特別警戒区域
- 急傾斜地崩壊危険区域

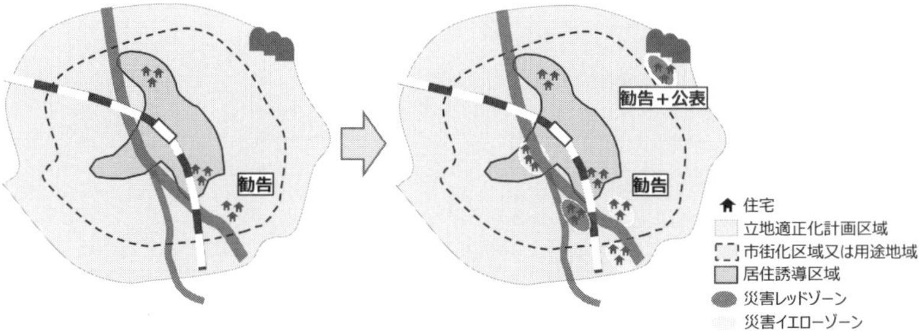

開発許可と立地適正化計画に基づく勧告・公表制度との連携

都市計画区域	災害ハザード	都市計画法の開発許可制度	都市再生特措法の立地適正化計画の勧告・公表制度
線引き区域	レッドゾーン	市街化区域では1,000㎡以上、市街化調整区域ではすべての規模の開発が原則禁止※1	1,000㎡以上等の開発・建築は勧告、公表の対象※2
	イエローゾーン	市街化調整区域の開発の厳格化（11号条例等から除外）	1,000㎡以上等の開発・建築は勧告の対象※2
非線引き区域	レッドゾーン	3,000㎡以上の開発は原則禁止※1	1,000㎡以上等の開発・建築は勧告、公表の対象※2
	イエローゾーン	－	1,000㎡以上等の開発・建築は勧告の対象※2

※１　原則禁止の対象：自己居住用住宅以外の開発行為
※２　勧告の対象行為：３戸以上の住宅等の開発又は１戸若しくは２戸の住宅等の開発で規模が1,000㎡以上のもの。（都市再生特別措置法第88条）

8　災害ハザードエリアからの移転の促進（都市計画法及び都市再生特別措置法改正）

⑴　災害ハザードエリアからの移転の課題と対策

災害ハザードエリアからの移転については、その必要性は認識されても、実際には慣れ親しんだ土地や家への愛着のほか、移転費用、移転先の確保、手続きの煩雑さの問題などから、なかなか移転が進まないのが現状である。

そのため、今回の法改正に合わせ、令和２年度予算においては**防災集団移転促進事業など予算措置を拡充**するとともに、都市再生特別措置法において、**新たな移転の計画制度（居住誘導区域等権利設定等促進計画）の創設**、都市計画法において、**市街化調整区域内の災害レッドゾーンからの移転に係る開発許可の特例**が措置された。

なお、防災集団移転促進事業については、令和３年の特定都市河川浸水被害対策法等の一部を改正する法律により防災集団移転促進事業法が改正され、さらに拡充されている。具体的には、移転対象となる土地について、災害危険区域及び被災した土地に加え、地すべり防止区域、急傾斜地崩壊危険区域、土砂災害特別警戒区域及び浸水被害防止区域が追加された。

⑵　居住誘導区域等権利設定等促進計画と防災集団移転促進事業

災害ハザードエリアからの移転を促進するため、都市再生特別措置法において、新たに、**市町村が主体的に住民や施設の所有者等の意見を調整したうえで、移転に関する計画を作成し、住民等の手続の代行等が可能となる制度（居住誘導区域等権利設定等促進計画）が創設**された。

具体的には、市町村が計画を公告することにより、計画に定めた所有権、賃借権等を設定又は移転するとともに、計画に基づく権利設定を市町村が一括で登記することが可能となる。

居住誘導区域等権利設定等促進計画については、これに特化した財政支援策はないが、住宅の移転については**「防災集団移転促進事業」、「がけ地近接**

等危険住宅移転事業」、また、医療施設や福祉施設等の移転については**「都市構造再編集中支援事業」の財政支援制度が活用可能**である。

このうち、防災集団移転促進事業については、移転先となる住宅団地の整備などのほか、移転者からの土地・建物の買い取り、移転者への引越費用の助成など、移転に係る経費を移転者に対して支援できる仕組みとなっている。

このため、移転者の負担については、移転者の住居などにより差異はあるものの、事業主体となる市町村に対して、国が経費の４分の３を補助するものであり、地方財政措置もあわせると実質的に国が約94％を負担するなど手厚い支援となっている。

⑶　市街化調整区域内の災害レッドゾーンからの移転に係る開発許可の特例

現行の制度では、市街化調整区域の災害レッドゾーンに存する住宅、施設等を、同じ市街化調整区域内の安全な場所に移転する場合には、都市計画法第34条第１号から第13号までに該当するか、そうでない場合には、同条第14号の開発審査会の議を経た個別審査により開発許可を得る必要がある。

例えば、市街化調整区域内に立地する浸水被害を受けた住宅が同じ市街化調整区域内の別の場所に移転したいという要望があったとしても、このような移転が開発許可されるのかは明らかではない。

市街化調整区域内の移転であっても、移転後の住宅、施設等が従前と同様の用途、規模である場合には、市街化調整区域内の市街化を促進するおそれは低く、また、移転先を地価が高い市街化区域に求めることは移転者にとって過酷な経済的負担を強いることとなる。

そこで、国は都市計画法第34条に新たな号を設け、**市街化調整区域内の災害レッドゾーンに存する住宅、施設等が従前と同一の用途で市街化調整区域内のレッドゾーン外に移転する場合には、開発許可できるよう措置**した。

災害レッドゾーンからの移転を促進するための開発許可の特例

現行

市街化調整区域内のレッドゾーン内にある住宅や施設が、
同一の市街化調整区域のレッドゾーン外に移転する場合については、

⇒ 公益上必要な施設や日常生活に必要な施設であるなど、
都市計画法第34条第1号～第14号に該当する場合を除いて不許可

× 安全な場所に移転することが考慮されない
× 通常の許可申請として扱われる

レッドゾーン
- 災害危険区域（出水等）
- 地すべり防止区域
- 土砂災害特別警戒区域
- 急傾斜地崩壊危険区域

市街化調整区域内で安全なエリアに
移転する際の許可制度を創設

見直し

市街化調整区域内のレッドゾーン内にある住宅や施設が、
同一の市街化調整区域のレッドゾーン外に移転する場合については、

⇒ **開発が許可される特例を創設**
都市計画法第34条第8号の2（新設）

✓ 事前防災に活用可能
✓ 安全な場所に移転することを評価 → 特例の対象に

※許可対象は、従前の住宅や施設の用途、規模等と同様であるものとする。
※第一種特定工作物についても適用対象。
※居住調整地域についても同様の特例を創設（都市再生特別措置法第90条）

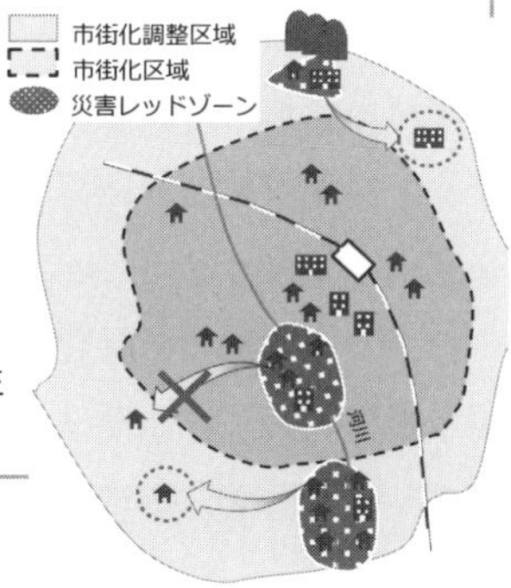

9　今後の展望と課題

⑴　改正法施行と効果的な制度運用のための部局間連携

都市計画法の開発許可関係の改正規定は、政令・省令とあわせ、令和４年４月からの施行である。この間、開発許可権者においては開発許可に係る条例や審査基準等の見直しとともに、事業者等に対し見直し内容を分かりやすく周知する必要がある。

条例や審査基準等の見直し、見直し後の開発許可制度の運用に当たっては、国、都道府県、市町村をまたぐ形で、開発許可担当部局、治水・砂防部局、建築部局との横断的な連携が重要となる。

⑵　市街化区域内の対策の検討

今回の都市計画法の改正では、市街化区域内については浸水想定区域の開発規制を強化していない。これは、市街化区域が都市計画において優先的かつ計画的に市街化を図るべき区域として定められており、また、我が国のまちが河川流域に形成されてきた等の実態も踏まえ、開発規制による対応ではなく、治水対策、避難路・避難場所の整備、警戒避難体制の確保等を重点的に実施していくこととしたからである。

ただし、昨今の激甚化・頻発化する自然災害を踏まえれば、**特定都市河川浸水被害対策法、水防法、河川法、下水道法等の見直しも踏まえつつ、引き続き、都市計画法等における対応、対策等を検討**していく必要がある。

⑶　移転促進のための支援の強化

衆議院及び参議院の国土交通委員会における改正法案の附帯決議にも示されたとおり、災害ハザードエリアからの移転については事前防災対策として積極的に取り組むとともに、一層の支援の充実が求められる。

国は、地方公共団体に専門家等を派遣するなど、移転に係るノウハウ面を支援していく必要がある。また、移転費用の問題については、**財政支援だけ**

でなく、融資、税制など幅広いインセンティブ措置を検討していく必要がある。

⑷　災害リスク情報の見える化の推進

今回の法改正にあわせ、国土交通省においては、災害リスク情報の見える化を推進していく方向性を打ち出している。

浸水のリスク等をより視覚的に分かりやすく発信するため、災害リスク情報の３次元表示モデルを作成し、一般の HP 等で公開したことや、災害レッドゾーンを GIS データ化したことに加え、中小河川等における浸水リスク情報の充実を図る準備を進めている。

このような災害リスク情報の見える化は、一義的には、国民への情報発信とそれによる行動変容を促すことを目的とするが、こうした情報を開発許可の運用等にも活用することで、より効果的な規制、効率的な審査が可能となり、安全なまちづくりに寄与することが期待される。

第2章　Q&A

＜総論＞

■改正の背景

Q1　なぜ、今回の改正に至ったのか。

A

我が国においては、多くの都市が河川沿いに発展してきた経緯から、浸水等の災害リスクを抱える市街地に人口が集中する傾向にある。このため、近年の激甚化・頻発化する自然災害を踏まえて、安全なまちづくりを進めることが重要な課題との認識から、国は、社会資本整備審議会の都市計画基本問題小委員会の中間とりまとめを経て、都市計画法等を改正した。今回の改正で、浸水等の災害リスクを抱える地域では、災害ハザードエリアにおける開発の抑制や住宅などの移転の促進を図るとともに、居住エリアの安全性強化のための取組が求められることとなった。

Q2　今回の開発許可制度の見直しの効果は何か。

A

自己業務用施設を含め、災害レッドゾーン※における新規立地は原則禁止するとともに、市街化調整区域の浸水想定区域における開発については災害リスクを適切に考慮したうえで開発申請を審査する制度に変更することにより、災害ハザードエリアにおける開発を抑制することである。

※法第33条第1項第8号の対象となる災害危険区域、地すべり防止区域、急傾斜地崩壊危険区域及び土砂災害特別警戒区域をいう。なお、令和3年の改正により、災害レッドゾーンに特定都市河川浸水被害対策法第56条第1項の浸水被害防止区域が追加。

Q3 社会資本整備審議会の都市計画基本問題小委員会では、市街化調整区域における「にじみ出し的な開発」が進行している事例が見られるとの問題が指摘されているが、地方公共団体の条例の改正や廃止等による運用の適正化に向けて、どのような対応になるのか。

A

都市計画法施行令の改正により法第34条第11号等に基づく条例で指定する区域から除外する災害ハザードエリアが明確化された。

また、令和３年通知※において、同号に基づく条例で区域を指定する際、開発が許容される区域が特定できるよう当該区域の明示を求めるとともに、その具体的な方法が示されている。

※「都市再生特別措置法等の一部を改正する法律による都市計画法の一部改正に関する安全なまちづくりのための開発許可制度の見直しについて（技術的助言）」令和３年４月１日付国都計第176号

Q4 法第34条第11号及び第12号が区域指定を求める意義は何か。

A

法第34条第11号は、市街化区域に近接又は隣接し、建築物が一定程度連たんしている区域であれば必要な公共施設の整備も相当程度進んでいると考えられ、そこで開発行為が行われたとしてもスプロール対策上支障がないと考えられることから、市街化調整区域における開発の抑制の例外として開発行為が許容されている。

また、法第34条第12号は、同条第14号に該当する開発行為の蓄積として定型的に処理することができる開発行為について、条例で区域、目的又は予定建築物の用途を定める場合に開発審査会の議を経ずとも許可することができることとされている。

いずれも条例で区域を定める際には政令で定める基準に従うものとされ、その基準では原則として災害の発生のおそれのある土地の区域等を含まないこととされている。市街化を抑制すべき市街化調整区域における区域であることから、特例的に開発が許容される範囲を明確にするとともに災害ハザードエリアにおける開発の抑制を図ることが区域指定の意義の１つであると考えられる。

＜各論＞

■法第33条第１項第８号の改正関係

Q5　災害レッドゾーンにおける自己業務用施設の開発の原則禁止については、既存の施設も対象か。

A

開発許可は基本的に新規開発を対象としているため、既存施設は見直しの対象外となる。既存施設の建て替えに当たっても、土地の区画形質の変更を伴う工事（敷地の拡張、盛土等）を行わない限り対象外である。

Q6　自己居住用の住宅についても、災害レッドゾーンにおける開発を原則禁止とすべきではないか。

A

現行制度においては、災害レッドゾーンにおける一定の規模以上の面的な市街地の形成を防止することにより、利用者の安全性を確保する観点から、分譲住宅、賃貸住宅とともに、貸オフィス、貸店舗など賃貸目的での業務用施設の開発について原則禁止とされている。今回の改正では、近年の自然災害の激甚化・頻発化を踏まえ、自社オフィス、店舗、病院、社会福祉施設、旅館・ホテル、工場等の自己業務用の施設の開発についても同様の観点から原則禁止の対象に加えることとされた。

一方で、自ら居住する戸建て住宅を個人が建築等する場合の開発については、災害レッドゾーンにおける市街化の進展に与える影響が少ないことなどを踏まえ、改正後も引き続き原則禁止の対象外とされている。

Q7 津波災害特別警戒区域が都市計画法第33条第１項第８号の規制対象ではないのはなぜか。

A

沿岸地において津波災害のリスクが懸念されるが、我が国の地形の特性上、沿岸に都市や集落が多く形成されていることから、津波災害特別警戒区域を定める津波防災地域づくりに関する法律においては、「将来にわたって安心して暮らすことのできる安全な地域の整備、利用及び保全を総合的に推進すること」をその目的としている。

このため、都市計画法では、津波災害特別警戒区域内における開発行為については原則禁止とせず、津波防災地域づくりに関する法律及び同法施行規則に定める技術的基準を満たす場合に許可することとされている。

Q8 自己業務用施設の開発の原則禁止に対する例外とは何か。

A

法第33条第１項第８号ただし書が適用され、例外的に許可されうるものについては令和３年通知において例示されており、災害危険区域等の指定が短期間のうちに解除されることが確実と見込まれる場合や、開発区域の面積に占める災害危険区域等の面積の割合が僅少であるとともに当該区域に施設を建築せず利用者の立ち入りを制限している場合等が挙げられている。

Q9　令和３年通知にある「短期間」とはどの程度か。

A

「短期間」について具体的な期間が示されていないが、一般的に短期間であるといえることが必要と考えられる。

Q10　令和３年通知にある「僅少」とはどの程度か。

A

「僅少」について具体的な数値が示されていないが、一般的に僅少であるといえることが必要と考えられる。

Q11　令和３年通知にある「開発許可の申請者以外の利用者が想定されない場合」とあるが、従業員は申請者に含まれるのか。

A

今回の改正の趣旨を踏まえると、開発許可の申請者が法人である場合には、当該法人の従業員は「開発許可の申請者以外の利用者」に該当すると考えられる。

Q12 令和３年通知にある「条例による建築の制限に適合する場合」とはどのようなものか。

A

災害危険区域を定める条例において建築基準法第39条第２項の「建築物の建築に関する制限」を定めており、その制限に適合すると判断できる場合には、開発許可に際して法第33条第１項第８号ただし書を適用することが考えられる。

実際の開発許可の審査にあたっては、建築確認担当部局と連携することが望ましい。

なお、開発区域に災害危険区域と重複して急傾斜地崩壊危険区域等が指定されている区域を含む場合には、急傾斜地崩壊危険区域についても法第33条第１項第８号ただし書の適用が可能か検討する必要がある。

Q13 土砂災害特別警戒区域についても、災害危険区域のように制限に適合すれば法第33条第１項第８号ただし書の適用が認められるのか。

A

令和３年通知における災害危険区域の考え方は、災害危険区域の中でも危険性の度合いに差があり、建築を禁止する必要がある場合と建築を制限することで足りる場合があることから、必ずしも他の災害レッドゾーンと同様の危険性があるものではないという災害危険区域の性質を踏まえたもの。このため、土砂災害特別警戒区域を災害危険区域と同様に考えることは適当ではないと考えられる。

Q14 令和３年通知にある「同等以上の安全性が確保されると認められる場合」とは何か。

A

開発許可権者において令和３年通知に記載された例示と同等以上の安全性が確保されると認められることが必要。

■法第34条第８号の２の創設

Q15 災害レッドゾーンからの移転を目的とした開発行為について新たな立地基準を設ける趣旨は何か。

A

令和２年の改正では、災害レッドゾーンにおける新規の開発については防災対策を強化するとともに、市街化調整区域内の災害レッドゾーンに既に立地している施設等については安全な場所への移転を促すため、法第34条第８号の２が創設された。

同号は、市街化調整区域の災害レッドゾーンに存する建築物等が従前と同一の用途で市街化調整区域の災害レッドゾーン外に移転する場合については、市街化調整区域内の市街化を促進するおそれは低いと考えられることから、このような開発行為を許容することとされたもの。

Q16 「代わるべき」建築物等に当るか否かについて、条文上明記されている同一の用途に供されるという要件以外に、どのような基準で判断されるのか。

A

災害レッドゾーンに存する建築物等に代わるべき建築物等については、改正の趣旨を踏まえれば、従前と同一の用途、同様の規模で、同一の市街化調整区域に立地する建築物等であることが求められるものと考えられる。

Q17 国土交通省の社会資本整備審議会都市計画基本問題小委員会による令和２年７月の中間とりまとめは「安全で豊かな生活を支えるコンパクトなまちづくりを進める観点から、移転先を居住誘導区域に誘導することにより、まちづくり政策全体の効果を高めるべきである」としている。一方、今回の改正によって創設される法第34条第８号の２は、災害危険区域等からの移転先がそもそも居住誘導区域を設定することができない市街化調整区域の開発行為も認めるものとなるが、当該小委員会中間とりまとめの提言内容との関係はどのように考えるべきか。

A

既に市街化調整区域に立地している建築物等であることを踏まえると、居住誘導区域が定められる市街化区域に移転することが困難な場合も想定されることから、市街化調整区域の災害レッドゾーンに存する建築物等については同一の市街化調整区域の比較的安全な場所への移転を許容することとされており、まずは災害レッドゾーンからの移転を促進すべきものと考えられる。

Q18 法第34条第８号の２では土砂災害特別警戒区域等からの移転が対象とされる一方で、津波災害特別警戒区域からの移転は対象とされていないが、その理由は何か。

A

法第33条第１項第８号により災害レッドゾーンにおける開発行為を原則禁止とされていることを踏まえ、法第34条第８号の２により、既に市街化調整区域の災害レッドゾーンに存する建築物等については同一の市街化調整区域の比較的安全な場所への移転を許容することとされた。

津波災害特別警戒区域における開発行為は法第33条第１項第８号において原則禁止とされていないことから、法第34条第８号の２においても対象とされていない。

■市街化調整区域における開発抑制

【総論】

Q19 なぜ市街化調整区域における開発を抑制するのか。

A

市街化調整区域は市街化を抑制すべき区域であるところ、国土交通省の調査の結果、昨今の災害により特に被災していることが確認されたため。

Q20 市街化区域において規制強化しないのはなぜか。

A

市街化区域は、都市計画において優先的かつ計画的に市街化を図るべき区域として定められていることに加え、我が国のまちが河川流域に形成されてきた等の実態も踏まえ、浸水想定区域等の災害イエローゾーンについては開発規制による対応ではなく、治水対策、避難路・避難場所の整備、警戒避難体制の確保等を重点的に実施していくこととされている。

なお、令和２年の改正で法第33条第１項第８号が改正され、災害レッドゾーンにおける自己業務用施設の開発は原則禁止されることとなっており、この基準は市街化区域における開発行為も対象とされている。また、災害レッドゾーンを立地適正化計画の居住誘導区域から除外することとしており、市街化調整区域以外の区域においても安全なまちづくりのための措置が講じられている。

Q21 既存の地域コミュニティの維持が課題である市街化調整区域においては、今回の改正が人口流出や空き家の増加等に拍車をかけるのではないか。

A

人口減少が進む中、地方創生や既存集落の維持は重要である。一方で、近年の激甚化・頻発化する自然災害を踏まえると、国民の生命・財産を守るため、災害の発生のおそれがある区域については市街化の進展の防止や移転の促進を図ることが必要と考えられ、市街化を抑制すべき区域である市街化調整区域においては、より一層求められるものと考えられる。

なお、地域コミュニティ維持の対応のため、空き家などの既存建築物を地域資源として活用する場合については開発許可の運用の弾力化が可能とされている（開発許可制度運用指針Ｉ－15）。

Q22 日本では、まちは河川流域に広がっており、浸水想定区域における開発規制の厳格化は厳しすぎるのではないか。

A

今回の改正における浸水想定区域での開発規制の厳格化は市街化調整区域が対象とされている。これは、市街化調整区域が都市計画において市街化を抑制すべき区域として定められており、加えて、市街化区域と比べ相対的に浸水しやすく、実際に昨今の自然災害により新規に開発された住宅地等で浸水被害が発生している状況を踏まえたもの。

なお、条例区域から一定の浸水想定区域を除外することに関し、洪水等が発生した場合に市町村地域防災計画に定められた避難場所への確実な避難が可能な土地の区域等の一定の区域については、浸水想定区域のうち住民等の生命又は身体に著しい危害が生ずるおそれがあると認められる土地の区域とせず、条例区域から除外しないことも可能とされている（令和３年通知Ⅲ.２.⑵③ハ）。

Q23 工場立地を念頭に置いた12号条例への影響はあるのか。

A

12号条例で区域を定めず、目的又は予定建築物等の用途を定めている場合については、条例区域から災害ハザードエリアを除外する見直しの対象外である。ただし、工場立地を念頭に置いた12号条例であっても区域を定めている場合には見直しの対象となる。

Q24 法第34条第11号、第12号以外への影響はあるのか。

A

法第34条第１号から第10号まで及び第13号については見直しの対象外であり、直接の影響はない。

Q25 法第43条第１項の許可の取扱いはどのようになるのか。

A

法第43条第１項の許可における許可基準である令第36条第１項第３号ロ及びハは法第34条第11号及び第12号と同様の見直しとなる。

Q26 許可不要とされている開発行為（農家住宅など）に対する影響はあるのか。

A

開発許可が不要である開発行為については開発許可制度の規制が及ばないことから、今回の改正についても対象外。

Q27 区域区分が定められていない都市計画区域の取扱いはどのようになるのか。

A

法第33条第１項第８号の改正の対象となる。

また、立地適正化計画の居住誘導区域外においては1,000㎡以上の住宅等の開発には届出が必要とされ、居住の誘導に支障がある場合には勧告ができることとされているが、今回の改正により、災害レッドゾーンにおける届出対象の開発行為の場合、新たに、勧告に従わない事業者名等を公表する制度が創設された。

【条例区域の明確化】

Q28　なぜ区域を明確にする必要があるのか。

A

条例区域は市街化調整区域において特例的に開発等を認める区域であることから、土地所有者等が、自己の権利に係る土地が条例区域に含まれるかどうかを容易に認識することができるよう、条例区域を客観的かつ明確に示すとともに、ウェブサイトに掲載するなど、簡易に閲覧できるようにすべきと考えられる。

Q29　法令上、区域を明確にする必要があるのか。

A

法第34条第11号により、市街化区域に近接又は隣接し、建築物が一定程度連たんしている区域を指定することとされている。これは、このような区域であれば必要な公共施設の整備も相当程度進んでいると考えられ、そこで開発行為が行われたとしてもスプロール対策上支障がないと考えられることから、当該指定区域に限り開発行為を許容しているためである。

また、法第34条第12号は、定型的に処理することができる開発行為が許容される「区域、目的又は予定建築物等の用途」を限ることとされている。

Q30 「既存集落」は区域を明確にする必要があるのか。

A

「既存集落」といった客観的に区域が特定されない文言による区域要件も見直しの対象となる。抽象的な規定により条例区域としている場合や、条例区域が予め確定しておらず申請の都度建築物の連たん等の要件を確認している場合には、図面等により区域を客観的かつ明確に示す必要がある。

Q31 いわゆる「50戸連たん区域」は区域を明確にする必要があるのか。

A

いわゆる「50戸連たん区域」といった客観的に区域が特定されない文言の区域要件も見直しの対象となる。抽象的な規定により条例区域としている場合や、条例区域が予め確定しておらず申請の都度建築物の連たん等の要件を確認している場合には、図面等により区域を客観的かつ明確に示す必要がある。

Q32 「旧町役場を中心として発達した集落」や「主要道路の沿線に発達した集落」は客観的かつ明確であると考えられるか。

A

例示の場合については、別途図面や告示等により詳細の位置が示される場合を除き、区域の範囲が特定できず、客観的かつ明確に示されたものとは考えられない。

Q33 区域を客観的かつ明確にしない場合、どのような影響があるのか。

A

（居住誘導区域外にある医療施設や社会福祉施設等の都市機能がまちなかに移転する際の支援措置である）都市構造再編集中支援事業においては、当該事業の交付要綱に記載のとおり、法第34条第11号に基づく条例の区域を図面、住所等で客観的に明示していない等の不適切な運用が行われている市町村は補助対象外となる。

【条例区域からの除外】

Q34 現行の条例で指定されている区域も見直しの対象になるのか。

A

今回の改正は、法第34条第11号等の条例によって区域を定める場合の基準の改正であり、既に制定されている条例も改正後の基準の対象となるため、条例で指定している区域に災害リスクの高いエリアを含んでいる場合には、改正法令の施行までにその区域から除外する等の見直しが必要になる。

条例区域から除外されることとなった災害リスクの高いエリアにおいては、近年の激甚化・頻発化する自然災害を踏まえ、安全上及び避難上の対策が講じられるものであって同条第12号（区域を定める場合を除く。）又は第14号の基準に適合する場合のほか、同条第１号から第10号まで又は第13号の基準に適合する場合には開発許可が可能。

Q35 今後、新たに条例で指定される区域も見直しの対象になるのか。

A

今回の改正は、法第34条第11号等の条例によって区域を定める場合の基準の改正であり、今後、新たに制定される条例で指定する区域や既存の条例により新たに指定する区域についても改正後の基準の対象となる。

Q36 今回の改正により、土砂災害警戒区域又は浸水想定区域では法第34条第11号に該当することはなくなり、同条第14号に該当する場合にのみ許可されることになるのか。

A

土砂災害警戒区域又は浸水想定区域における条例区域から除外される区域であっても、安全上及び避難上の対策が講じられるものであって同条第12号（区域を定める場合を除く。）又は第14号の基準に適合する場合には開発許可が可能である。このほか、洪水等が発生した場合に市町村地域防災計画に定められた避難場所への確実な避難が可能な土地の区域等の一定の区域等については、土砂災害警戒区域又は浸水想定区域を条例区域から除外しないことも可能とされており、浸水想定区域等であっても法第34条第11号等に該当して開発許可しうる（令和３年通知Ⅲ．２．⑵②及び③ハ）。

なお、法第34条第14号の許可対象となる開発行為は「市街化を促進するおそれがなく、かつ、市街化区域内において行うことが困難又は著しく不適当と認める開発行為」であり、同条第11号の許可対象となるすべての開発行為が同条第14号の許可対象となるものではない。

Q37 条例区域から除外した区域に既にある建築物や宅地については、税の減免や軽減等の措置はあるのか。

A

今回の改正に伴う税制措置は講じられていない。

Q38 条例区域から除外した区域に既にある建築物や宅地については、今後、法第34条第11号等では分家住宅の建築、既存住宅の敷地拡大、用途変更等が認められず、土地や建物の売買に制約が及ぶこととなり、過度な私権の制限とはならないか。

A

今回の改正は条例区域から除外した区域における一切の開発許可等を禁止するものではないことから、過度な私権の制限には当たらないものと考えられる。

なお、地域コミュニティ維持の対応のため、空き家などの既存建築物を地域資源として活用する場合については開発許可の運用の弾力化が可能とされている（開発許可制度運用指針Ⅰ－15）。

【条例区域から土砂災害警戒区域の除外】

Q39 なぜ災害イエローゾーンである土砂災害警戒区域が除外対象に含まれるのか。

A

土砂災害警戒区域は災害が発生した際には極めて短時間で被害が生じるおそれがあることに加え、近年の激甚化・頻発化する自然災害により市街化調整区域での土砂災害が頻発している状況を踏まえ、今回の改正では土砂災害警戒区域についても開発を抑制することとされたもの。

Q40 令和３年通知にある「指定避難所への確実な避難が可能な土地の区域」とは、避難場所への距離や所要時間が具体的にどの程度であれば該当するのか。

A

避難場所までの距離や避難に要する時間等は、地域の状況や避難を要する者、土石流等が到達する時間等によって千差万別であることから、具体的な数値や目安等は示されておらず、土砂災害が発生した場合でも確実な避難が可能な土地の区域であるかについて、開発許可権者において実態に即した検討が必要になると考えられる。

Q41 令和３年通知にある「指定避難所への確実な避難が可能な土地の区域」について、土砂災害警戒区域や浸水想定区域に存する避難所も対象になるのか。

A

「確実な避難が可能な土地の区域」である必要があり、避難場所は土砂災害や水害に対して有効に機能する必要があると考えられる。

Q42 令和３年通知にある「指定避難所への確実な避難が可能な土地の区域」について、避難場所以外に近隣の高台等への避難が可能な場合も含まれるか。

A

令和３年通知Ⅲ．２．⑵②イにおいては土砂災害防止法第８条第１項に基づき市町村地域防災計画に定められた同項第２号の避難場所が挙げられており、高台等であっても想定される災害に応じた避難場所に指定されている必要があると考えられる。

Q43 令和３年通知にある「土砂災害を防止し、又は軽減するための施設の整備等の防災対策」とは、避難計画作成等のソフト対策も含まれるのか。

A

砂防堰堤等のハード施設が整備されたことにより安全性が確保された土地の区域を念頭に置かれている。

Q44 令和３年通知に「土砂災害を防止し、又は軽減するための施設の整備等の防災対策」とあるが、土砂災害警戒区域ではどのような対策を講じるべきか。

A

（実態として土砂災害警戒区域が土砂災害特別警戒区域と比べて広大な場合もあるため、個別具体的に検討することが必要とされるが、）土砂災害特別警戒区域における土砂災害防止法第９条第８項の土砂災害の防止に関する工事の実施等により、土砂災害警戒区域の安全性の確保が図られる場合には、「土砂災害を防止し、又は軽減するための施設の整備等の防災対策」に該当すると考えられる。

なお、土砂災害特別警戒区域における同法第11条の対策工事については特定開発行為における工事であるため、土砂災害特別警戒区域及び土砂災害警戒区域における安全性が確保されるかについては、より慎重な検討が必要と考えられる。

Q45 地すべり防止区域、急傾斜地崩壊危険区域及び特定開発行為の許可を受けた土砂災害特別警戒区域については、ハード対策が施されていることから、令和３年通知にある「土砂災害を防止し、又は軽減するための施設の整備等の防災対策」が完了していると考えられるのではないか。

A

災害レッドゾーンについては原則として条例区域からの除外が必要である。なお、災害レッドゾーンの指定が解除されない場合において条例区域から除外しないこととするには、指定が解除されることが決定している区域又は短期間のうちに解除されることが確実と見込まれる区域と同等以上の安全性が確保されると認められる土地の区域であることが必要と考えられる。

Q46 令和３年通知にある「同等以上の安全性が確保されると認められる土地の区域」とは何か。

A

「同等以上の安全性が確保されると認められる土地の区域」として具体的に想定されているものはなく、安全性について開発許可権者が個別に判断することが求められる。

Q47 令和３年通知にある「同等以上の安全性が確保されると認められる土地の区域」として、地方公共団体が開発事業者に対して危険性の注意喚起を行う区域とすることは可能か。

A

令和３年通知にある「土砂災害を防止し、又は軽減するための施設の整備等の防災対策」については砂防堰堤等のハード施設が整備されたことにより安全性が確保された土地の区域が念頭に置かれており、これと「同等以上の安全性が確保されると認められる土地の区域」を危険性の注意喚起を行う区域とすることは「同等以上」とは言えないと考えられる。

Q48 安全対策をするための財政支援はあるか。

A

開発許可制度と直接関係した新規開発のための財政支援制度はない。

なお、がけの下にある既存の住宅等については、災害危険区域や土砂災害特別警戒区域に指定された土地の区域である場合にはがけ地近接等危険住宅移転事業による支援がある。

【条例区域から一定の浸水想定区域の除外】

Q49 なぜ想定浸水深は3.0mが目安とされているのか。

A

水深3.0mが「一般的な家屋の２階の床面に浸水するおそれがある水深」であるため。

Q50 想定浸水深が3.0mを超える場合、改正後の規則第27条の６に規定する想定浸水深以外の事項を勘案するまでもなく、条例区域に含むことはできないと考えてよいか。

A

改正後の規則第27条の６各号の勘案事項（土地利用の動向、想定浸水深、浸水継続時間等）については並列に記載されているものであり、優劣はないため、総合的に判断することが求められる。

なお、令和３年通知における想定浸水深が3.0mを超える場合の取扱いについては、想定浸水深に関する取扱いの例外として記載されたもの。

Q51 想定浸水深は想定最大規模降雨によるものである必要があるのか。

A

地域防災計画において想定最大規模降雨を想定していない場合等においては、改正後の規則第27条の６第２号の想定浸水深は想定最大規模降雨ではなく計画降雨に基づく想定浸水深によることも考えられる。

なお、水防法の浸水想定区域は想定最大規模降雨に基づいて指定することとされていることから、想定浸水深については想定最大規模降雨によることが原則と考えられる。計画降雨とする理由や事情がない場合には、原則どおり想定最大規模降雨にすべきものと考えられる。

Q52 改正省令附則にある「当分の間」はどのくらいの期間か。

A

「当分の間」について、具体的な期間は想定されていない。

Q53 令和３年通知にある「社会経済活動の継続が困難」とは、具体的にどのようなことか。

A

例えば市町村の全域が想定浸水深5.0mであるなど、想定浸水深3.0m以上の区域を条例区域から除外した場合に社会経済活動の継続が困難になることが必要と考えられる。

Q54 令和３年通知にある「指定避難所への確実な避難が可能な土地の区域」とは、避難場所への距離や所要時間が具体的にどの程度であれば該当するのか。

A

避難場所までの距離や避難に要する時間等は、地域の状況や避難を要する者、想定浸水深に到達する時間等によって千差万別であることから、具体的な数値や目安等は示されておらず、洪水等が発生した場合でも確実な避難が可能な土地の区域であるかについて、開発許可権者において実態に即した検討が必要になると考えられる。

Q55 浸水想定区域や土砂災害警戒区域に存する避難所も対象になるのか。

A

「確実な避難が可能な土地の区域」である必要があり、避難場所は水害や土砂災害に対して有効に機能する必要があると考えられる。

Q56 避難場所以外に近隣の高台等への避難が可能な場合も含まれるか。

A

令和３年通知Ⅲ．２．⑵③ハｉ）では水防法第15条第１項に基づき市町村地域防災計画に定められた同項第２号の避難場所が挙げられており、高台等であっても想定される災害に応じた避難場所に指定されている必要があると考えられる。

Q57 ２階以上に居室のある住宅等、想定浸水深以上の高さに居室を設ける場合は、浸水に対する安全性が確保されるものと考えて差し支えないか。又は、建築物の全てが想定浸水深以上の高さに設けることが必要か。

A

建築物全体が想定浸水深以上となることまで求められているものとは考えられず、住民等の生命又は身体に著しい危害が生ずるおそれがないよう、建築物の２階の居室など垂直避難が可能な居室が想定浸水深以上となることで足りると考えられる。

Q58 集合住宅の場合、浸水に対する安全上及び避難上の対策としてどのような対策を講じるべきか。

A

集合住宅の場合、想定浸水深未満は駐車場とするなど、すべての居住者の居室の床面が想定浸水深以上となる構造とするなどの対策が必要と考えられる。

Q59 工場や店舗の場合、浸水に対する安全上及び避難上の対策としてどのような対策を講じるべきか。

A

想定浸水深以上の居室に避難可能な構造とすることが考えられる。

なお、居室でない屋上に避難することについては、避難を要する者が風雨に曝されることが懸念され、衛生上や健康上の課題が生じうるものと考えられる。

Q60 居室の高床化について、想定浸水深の高さ未満となる建築物の部分に関する構造の基準等は何か。

A

国から想定浸水深よりも低い部分の建築物の躯体については示されていないが、開発許可権者において氾濫流の流速等を考慮して躯体に関する制限を設けることも考えられる。

Q61 令和３年通知にある「同等以上の安全性が確保されるものとして開発許可権者が支障がないと認める対策」とは何か。

A

「同等以上の安全性が確保されると認められる土地の区域」として具体的に想定されているものはなく、安全性について開発許可権者が個別に判断することが求められる。

Q62 家屋倒壊等氾濫想定区域の取扱いはどのようになるのか。

A

家屋倒壊等氾濫想定区域については、法令や令和３年通知には明記されていないが、家屋倒壊等氾濫想定区域を令第８条第１項第２号ロに掲げる区域として条例区域から除外する区域とすることは可能と考えられる。

Q63 安全対策をするための財政支援はあるか。

A

開発許可制度と関係した新規開発のための財政支援はない。

なお、土地区画整理事業として地盤の嵩上げをする場合に補助対象となる場合がある。

■居住誘導区域外の立地に対する届出を踏まえた勧告・公表

Q64 強制力を伴わない公表という措置は、災害レッドゾーンにおける開発行為等の抑制に十分な効果を発揮できるのか。

A

事業者の社会的評価が事業活動に与える影響が相当程度あることを踏まえると、事業者名とともに災害レッドゾーンに立地する住宅を特定できる情報が公表される本措置は、災害危険区域等での開発等に相当程度の抑止力が働くと考えられる。

■特定都市河川浸水被害対策法との関係

Q65 特定都市河川浸水被害対策法第56条第１項の浸水被害防止区域の開発規制との関係はどのようになっているのか。

A

浸水被害防止区域は、まず特定都市河川流域の指定が必要で、その上で浸水被害防止区域の指定が必要であり、改正特定都市河川浸水被害対策法が施行されたとしても直ちに影響があるものではない。

なお、浸水被害防止区域については、令和３年の改正により法第33条第１項第８号の区域に追加されたことを踏まえれば、改正後の令第29条の９の区域にも追加されるものと予想される。

Q66 条例区域からの除外が必要となる一定の浸水想定区域と特定都市河川浸水被害対策法第56条第１項の浸水被害防止区域にはどのような関係があるのか。

A

浸水被害防止区域については特定都市河川流域に限って指定されうる区域であるが、条例区域からの除外が必要となる一定の浸水想定区域と重複する区域も存在しうるものと考えられる。

■その他

Q67 施行期日までに開発許可権者が条例改正しない場合、どのようになるのか。

A

施行期日までに法令改正に則った条例改正が必要である。

仮に、条例改正が施行期日に間に合わなかった場合であっても直ちに違法となるものではないが、災害の発生のおそれのある土地の区域での開発を許容し、実際に開発された土地で被災した際には、開発を許容したことが問題となることが予想される。

Q68 経過措置を付すことは可能か。

A

法第33条第１項第８号については施行期日より前にされた申請に対する処分が施行期日以降となる場合において、改正前の基準を適用する旨の経過措置がある（改正法附則第３条）。

一方、法第34条第11号、第12号、令第36条第１項第３号ハに関する経過措置はない。ただし、改正条例において、法第33条第１項第８号に関する経過措置と同様に、施行期日より前にされた申請に対する処分が施行期日以降となる場合において改正前の基準を適用する旨の経過措置を講じることは許容されているものと考えられる。

Q69　施行期日までに許可を受けた開発行為の変更許可や完了検査の取扱いはどのようになるのか。

A

今回の改正事項はいずれも開発許可の基準の改正であり、施行期日以降に完了検査等の手続きの必要が生じたとしても影響はない（検査は開発許可の内容に適合しているかについてするものであり、開発許可の基準への適合性を改めて審査するものではない）。

なお、施行期日以降に今回の改正事項に係る変更許可申請があった場合には、改正後の基準により審査することとなるため、注意が必要である（なお、改正事項と関係のない変更許可申請であれば影響はない）。

第3章　参考資料

１　都市再生特別措置法等の一部を改正する法律新旧対照条文

（令和２年６月10日
法律第43号）

○都市再生特別措置法（平成14年法律第22号）（抄）（第１条関係）

（傍線部分は改正部分）

改　正　後	改　正　前
第88条　（略） ２～４　（略） ５　市町村長は、第３項の規定による勧告をした場合において、その勧告を受けた者（建築基準法第39条第１項の災害危険区域、地すべり等防止法（昭和33年法律第30号）第３条第１項の地すべり防止区域、土砂災害警戒区域等における土砂災害防止対策の推進に関する法律（平成12年法律第57号）第９条第１項の土砂災害特別警戒区域その他政令で定める区域に係る第１項又は第２項の規定による届出をした者であって、当該届出に係る行為を業として行うものに限る。）がこれに従わなかったときは、その旨を公表することができる。	第88条　（略） ２～４　（略） （新設）
（開発行為等の許可等の特例） 第90条　居住調整地域に係る特定開発行為（住宅その他人の居住の用に供する建築物のうち市町村の条例で定	（開発行為等の許可等の特例） 第90条　居住調整地域に係る特定開発行為（住宅その他人の居住の用に供する建築物のうち市町村の条例で定

改　正　後	改　正　前
めるもの（以下この条において「住宅等」という。）の建築の用に供する目的で行う開発行為（政令で定める戸数未満の住宅の建築の用に供する目的で行うものにあっては、その規模が政令で定める規模以上のものに限る。）をいう。以下同じ。）については、都市計画法第29条第１項第１号の規定は適用せず、特定開発行為及び特定建築等行為（住宅等を新築し、又は建築物を改築し、若しくはその用途を変更して住宅等とする行為（当該政令で定める戸数未満の住宅に係るものを除く。）をいう。第92条において同じ。）については、居住調整地域を市街化調整区域とみなして、同法第34条及び第43条の規定（同条第１項の規定に係る罰則を含む。）を適用する。この場合において、同法第34条中「開発行為（主として第二種特定工作物の建設の用に供する目的で行う開発行為を除く。）」とあるのは「都市再生特別措置法第90条に規定する特定開発行為」と、「次の各号」とあるのは「<u>第８号の２、第10号</u>又は第12号から第14号まで」と、同法第43条第１項中「第29条第１項第２号若しくは第３号に規定する建築物以外の建築物を新築し、又は第一種特定工作物を新設しては」とあるのは「都市再	めるもの（以下この条において「住宅等」という。）の建築の用に供する目的で行う開発行為（政令で定める戸数未満の住宅の建築の用に供する目的で行うものにあっては、その規模が政令で定める規模以上のものに限る。）をいう。以下同じ。）については、都市計画法第29条第１項第１号の規定は適用せず、特定開発行為及び特定建築等行為（住宅等を新築し、又は建築物を改築し、若しくはその用途を変更して住宅等とする行為（当該政令で定める戸数未満の住宅に係るものを除く。）をいう。第92条において同じ。）については、居住調整地域を市街化調整区域とみなして、同法第34条及び第43条の規定（同条第１項の規定に係る罰則を含む。）を適用する。この場合において、同法第34条中「開発行為（主として第二種特定工作物の建設の用に供する目的で行う開発行為を除く。）」とあるのは「都市再生特別措置法第90条に規定する特定開発行為」と、「次の各号」とあるのは「<u>第10号</u>又は第12号から第14号まで」と、同法第43条第１項中「第29条第１項第２号若しくは第３号に規定する建築物以外の建築物を新築し、又は第一種特定工作物を新設しては」とあるのは「都市再生特別措

改　正　後	改　正　前
生特別措置法第90条に規定する住宅等（同条の政令で定める戸数未満の住宅を除く。以下この項において「住宅等」という。）を新築しては」と、「同項第２号若しくは第３号に規定する建築物以外の建築物」とあるのは「住宅等」と、同条第２項中「第34条」とあるのは「都市再生特別措置法第90条の規定により読み替えて適用する第34条」とするほか、必要な技術的読替えは、政令で定める。	置法第90条に規定する住宅等（同条の政令で定める戸数未満の住宅を除く。以下この項において「住宅等」という。）を新築しては」と、「同項第２号若しくは第３号に規定する建築物以外の建築物」とあるのは「住宅等」と、同条第２項中「第34条」とあるのは「都市再生特別措置法第90条の規定により読み替えて適用する第34条」とするほか、必要な技術的読替えは、政令で定める。
第91条　特定開発行為については、居住調整地域を市街化調整区域とみなして、土地区画整理法第９条第２項、第21条第２項及び第51条の９第２項の規定を適用する。この場合において、これらの規定中「土地区画整理事業」とあるのは「土地区画整理事業（施行区域の土地について施行するものを除く。）」と、「同法第４条第12項に規定する開発行為が同法第34条各号」とあるのは「都市再生特別措置法第90条に規定する特定開発行為が同条の規定により読み替えて適用する都市計画法第34条第８号の２、第10号又は第12号から第14号まで」とする。	**第91条**　特定開発行為については、居住調整地域を市街化調整区域とみなして、土地区画整理法第９条第２項、第21条第２項及び第51条の９第２項の規定を適用する。この場合において、これらの規定中「土地区画整理事業」とあるのは「土地区画整理事業（施行区域の土地について施行するものを除く。）」と、「同法第４条第12項に規定する開発行為が同法第34条各号」とあるのは「都市再生特別措置法第90条に規定する特定開発行為が同条の規定により読み替えて適用する都市計画法第34条第10号又は第12号から第14号まで」とする。

○都市計画法（昭和43年法律第100号）（抄）（第２条関係）

（傍線部分は改正部分）

改　正　後	改　正　前
（開発許可の基準）	（開発許可の基準）
第33条　都道府県知事は、開発許可の申請があつた場合において、当該申請に係る開発行為が、次に掲げる基準（第４項及び第５項の条例が定められているときは、当該条例で定める制限を含む。）に適合しており、かつ、その申請の手続がこの法律又はこの法律に基づく命令の規定に違反していないと認めるときは、開発許可をしなければならない。	第33条　都道府県知事は、開発許可の申請があつた場合において、当該申請に係る開発行為が、次に掲げる基準（第４項及び第５項の条例が定められているときは、当該条例で定める制限を含む。）に適合しており、かつ、その申請の手続がこの法律又はこの法律に基づく命令の規定に違反していないと認めるときは、開発許可をしなければならない。
一　次のイ又はロに掲げる場合には、予定建築物等の用途が当該イ又はロに定める用途の制限に適合していること。ただし、都市再生特別地区の区域内において当該都市再生特別地区に定められた誘導すべき用途に適合するものにあつては、この限りでない。	一　次のイ又はロに掲げる場合には、予定建築物等の用途が当該イ又はロに定める用途の制限に適合していること。ただし、都市再生特別地区の区域内において当該都市再生特別地区に定められた誘導すべき用途に適合するものにあつては、この限りでない。
イ　当該申請に係る開発区域内の土地について用途地域、特別用途地区、特定用途制限地域、居住環境向上用途誘導地区、特定用途誘導地区、流通業務地区又は港湾法第39条第１項の分区（以下「用途地域等」という。）が定められている場合　当該用	イ　当該申請に係る開発区域内の土地について用途地域、特別用途地区、特定用途制限地域、特定用途誘導地区、流通業務地区又は港湾法第39条第１項の分区（以下「用途地域等」という。）が定められている場合　当該用途地域等内における用途の制限

改　正　後	改　正　前
途地域等内における用途の制限（建築基準法第49条第１項若しくは第２項、第49条の２、第60条の２の２第４項若しくは第60条の３第３項（これらの規定を同法第88条第２項において準用する場合を含む。）又は港湾法第40条第１項の条例による用途の制限を含む。）	（建築基準法第49条第１項若しくは第２項、第49条の２若しくは第60条の３第３項（これらの規定を同法第88条第２項において準用する場合を含む。）又は港湾法第40条第１項の条例による用途の制限を含む。）
ロ　（略）	ロ　（略）
二～七　（略）	二～七　（略）
八　主として、自己の居住の用に供する住宅の建築の用に供する目的で行う開発行為以外の開発行為にあつては、開発区域内に建築基準法第39条第１項の災害危険区域、地すべり等防止法（昭和33年法律第30号）第３条第１項の地すべり防止区域、土砂災害警戒区域等における土砂災害防止対策の推進に関する法律（平成12年法律第57号）第９条第１項の土砂災害特別警戒区域（次条第８号の２において「災害危険区域等」という。）その他政令で定める開発行為を行うのに適当でない区域内の土地を含まないこと。ただし、開発区域及びその周辺の地域の状況等により支障がないと認められるときは、この限りでない。	八　主として、自己の居住の用に供する住宅の建築又は住宅以外の建築物若しくは特定工作物で自己の業務の用に供するものの建築又は建設の用に供する目的で行う開発行為以外の開発行為にあつては、開発区域内に建築基準法第39条第１項の災害危険区域、地すべり等防止法（昭和33年法律第30号）第３条第１項の地すべり防止区域、土砂災害警戒区域等における土砂災害防止対策の推進に関する法律（平成12年法律第57号）第９条第１項の土砂災害特別警戒区域その他政令で定める開発行為を行うのに適当でない区域内の土地を含まないこと。ただし、開発区域及びその周辺の地域の状況等により支障がないと認められるときは、この限りでない。

改正後	改正前
九～十四（略）	九～十四（略）
２～８　（略）	２～８　（略）
第34条　前条の規定にかかわらず、市街化調整区域に係る開発行為（主として第二種特定工作物の建設の用に供する目的で行う開発行為を除く。）については、当該申請に係る開発行為及びその申請の手続が同条に定める要件に該当するほか、当該申請に係る開発行為が次の各号のいずれかに該当すると認める場合でなければ、都道府県知事は、開発許可をしてはならない。	**第34条**　前条の規定にかかわらず、市街化調整区域に係る開発行為（主として第二種特定工作物の建設の用に供する目的で行う開発行為を除く。）については、当該申請に係る開発行為及びその申請の手続が同条に定める要件に該当するほか、当該申請に係る開発行為が次の各号のいずれかに該当すると認める場合でなければ、都道府県知事は、開発許可をしてはならない。
一～八　（略）	一～八　（略）
八の二　市街化調整区域のうち災害危険区域等その他の政令で定める開発行為を行うのに適当でない区域内に存する建築物又は第一種特定工作物に代わるべき建築物又は第一種特定工作物（いずれも当該区域外において従前の建築物又は第一種特定工作物の用途と同一の用途に供されることとなるものに限る。）の建築又は建設の用に供する目的で行う開発行為	（新設）
九・十　（略）	九・十　（略）
十一　市街化区域に隣接し、又は近接し、かつ、自然的社会的諸条件から市街化区域と一体的な日常生活圏を構成していると認められる地域であつておおむね五十以上の	十一　市街化区域に隣接し、又は近接し、かつ、自然的社会的諸条件から市街化区域と一体的な日常生活圏を構成していると認められる地域であつておおむね五十以上の

改　正　後	改　正　前
建築物（市街化区域内に存するものを含む。）が連たんしている地域のうち、<u>災害の防止その他の事情を考慮して</u>政令で定める基準に従い、都道府県（指定都市等又は事務処理市町村の区域内にあつては、当該指定都市等又は事務処理市町村。以下この号及び次号において同じ。）の条例で指定する土地の区域内において行う開発行為で、予定建築物等の用途が、開発区域及びその周辺の地域における環境の保全上支障があると認められる用途として都道府県の条例で定めるものに該当しないもの	建築物（市街化区域内に存するものを含む。）が連たんしている地域のうち、政令で定める基準に従い、都道府県（指定都市等又は事務処理市町村の区域内にあつては、当該指定都市等又は事務処理市町村。以下この号及び次号において同じ。）の条例で指定する土地の区域内において行う開発行為で、予定建築物等の用途が、開発区域及びその周辺の地域における環境の保全上支障があると認められる用途として都道府県の条例で定めるものに該当しないもの
十二　開発区域の周辺における市街化を促進するおそれがないと認められ、かつ、市街化区域内において行うことが困難又は著しく不適当と認められる開発行為として、<u>災害の防止その他の事情を考慮して</u>政令で定める基準に従い、都道府県の条例で区域、目的又は予定建築物等の用途を限り定められたもの	十二　開発区域の周辺における市街化を促進するおそれがないと認められ、かつ、市街化区域内において行うことが困難又は著しく不適当と認められる開発行為として、政令で定める基準に従い、都道府県の条例で区域、目的又は予定建築物等の用途を限り定められたもの
十三・十四　（略）	十三・十四　（略）

附　則〔令和２年６月10日法律第43号抄〕

（施行期日）

第１条　この法律は、公布の日から起算して３月を超えない範囲内において政令で定める日から施行する。ただし、第１条中都市再生特別措置法第88条に１項を加える改正規定並びに同法第90条及び第91条の改正規定、第２条中都市計画法第33条第１項第８号の改正規定、同法第34条第８号の次に１号を加える改正規定並びに同条第11号及び第12号の改正規定並びに次条及び附則第３条の規定は、公布の日から起算して２年を超えない範囲内において政令で定める日から施行する。

（都市再生特別措置法の一部改正に伴う経過措置）

第２条　前条ただし書に規定する改正規定（第１条に係る部分に限る。）の施行の日前に都市再生特別措置法第88条第１項又は第２項の規定によりされた届出に係る行為については、当該改正規定による改正後の都市再生特別措置法第88条第５項の規定は、適用しない。

（都市計画法の一部改正に伴う経過措置）

第３条　附則第１条ただし書に規定する改正規定（第２条に係る部分に限る。）の施行の日前に都市計画法第29条又は第35条の２の規定によりされた許可の申請であって、当該改正規定の施行の際、許可又は不許可の処分がされていないものに係る許可の基準については、当該改正規定による改正後の都市計画法第33条第１項第８号（都市計画法第35条の２第４項において準用する場合を含む。）の規定にかかわらず、なお従前の例による。

（政令への委任）

第４条　前二条に規定するもののほか、この法律の施行に関し必要な経過措置は、政令で定める。

（検討）

第５条　政府は、この法律の施行後５年を経過した場合において、この法律による改正後の規定の施行の状況について検討を加え、必要があると認めるときは、その結果に基づいて必要な措置を講ずるものとする。

○衆議院・参議院の附帯決議

○衆議院（令和２年５月15日）

都市再生特別措置法等の一部を改正する法律案に対する附帯決議

政府は、本法の施行に当たっては、次の諸点に留意し、その運用について遺漏なきを期すべきである。

一　災害危険区域等における開発許可の見直しについては、関係政令等の内容を関係事業者や地方公共団体に対し早期に示した上でその周知徹底を図ること。また、本法の趣旨に鑑み、市街化区域の浸水ハザードエリア等における開発許可についても、その周辺地域を含め溢水等の災害リスクが増大しないよう適切な措置がなされているか等について十分に確認して基準への適合性が判断されるよう、地方公共団体に対し適切な助言等を行うこと。

二　地方公共団体の厳しい財政状況に鑑み、国において事務経費を含めた財政支援を行うことなどにより、防災集団移転促進事業が事前防災対策として積極的に活用されるよう地方公共団体の取組を後押しすること。また、多数の災害弱者が利用する病院、社会福祉施設等の災害危険区域等からの移転が図られるよう一層の取組を行うこと。

三　立地適正化計画について、災害危険区域等が居住誘導区域から可能な限り除外されるよう助言等を行うとともに、除外が困難な区域については、防災指針に基づき適切な対策が講じられるよう必要な支援を行うこと。また、防災指針に基づく取組を進める際には、市町村と国や都道府県の河川管理者等とが連携し、必要な治水対策等とまちづくりが一体となったものとなるよう、関係者による総合的な取組を推進すること。

四　居住環境向上用途誘導地区を定め、病院、店舗等の日常生活に必要な施設の立地の促進を図る際には、既存の用途地域の趣旨を踏まえ、建築規制の緩和が住環境や景観に著しい影響を及ぼすことのないよう留意するとともに、地域住民等の意向に十分配慮した運用がなされるよう、地方公共団体に対し適切な助言等を行うこと。

○参議院（令和２年６月２日）

都市再生特別措置法等の一部を改正する法律案に対する附帯決議

政府は、本法の施行に当たり、次の諸点について適切な措置を講じ、その運用に万全を期すべきである。

一　災害危険区域等における開発許可の見直しについては、関係政令等の内容を関係事業者や地方公共団体に対し早期に示した上でその周知徹底を図ること。また、本法の趣旨に鑑み、市街化区域の浸水ハザードエリア等における開発許可についても、その周辺地域を含め溢水等の災害リスクが増大しないよう適切な措置がなされているか等について十分に確認して基準への適合性が判断されるよう、地方公共団体に対し適切な助言等を行うこと。

二　地方公共団体の厳しい財政状況に鑑み、国において事務経費を含めた財政支援を行うことなどにより、防災集団移転促進事業が事前防災対策として積極的に活用されるよう地方公共団体の取組を後押しすること。また、多数の災害弱者が利用する病院、社会福祉施設等の災害危険区域等からの移転が図られるよう一層の取組を行うこと。

三　立地適正化計画について、災害危険区域等が居住誘導区域から可能な限り除外されるよう助言等を行うとともに、除外が困難な区域については、防災指針に基づき適切な対策が講じられるよう必要な支援を行うこと。また、防災指針に基づく取組を進める際には、市町村と国や都道府県の河川管理者等とが連携し、必要な治水対策等とまちづくりが一体となったものとなるよう、関係者による総合的な取組を推進すること。

四　現存する緑地や農地の適切な保全は、市街地の拡散や管理放棄地化の抑止につながり、居住誘導区域外の区域における環境保全に資することに鑑み、その保全に資する諸制度の活用を引き続き積極的に推進すること。また、都市農業の利便増進と良好な居住環境の確保に向けて、現行の生産緑地制度や田園住居地域制度等も含め、地域特性に応じた制度の活用が図られるよう、地方公共団体に対し適切な助言等を行うこと。

五　居住環境向上用途誘導地区を定め、病院、店舗等の日常生活に必要な施設の立地の促進を図る際には、既存の用途地域の趣旨を踏まえ、建築規制の緩和が住環境や景観に著しい影響を及ぼすことのないよう留意するとともに、地域住民等の意向に十分配慮した運用がなされるよう、地方公共団体に対し適切な助言等を行うこと。

六　「居心地が良く歩きたくなる」まちなかづくりに向けて議論が行われる市町村都市再生協議会については、豊かな生活を支え魅力あるまちづくりに資する都市再生整備計画を策定する観点から、幅広い住民の多様なニーズを反映させられるよう、障害者団体、子育て支援団体、高齢者団体など、構成員の多様化を促すこと。また、障害者、子育て世代、高齢者などが利用しやすい空間を作るため、バリアフリーの観点を踏まえた整備がなされるよう、地方公共団体に対し適切な助言等を行うこと。

七　「居心地が良く歩きたくなる」まちなかづくりを推進するに当たっては、開発によって、従来から居住している低所得者などが生活上の不利益を被ることのないよう、支援措置を講ずるなど十分に配慮すること。

八　本法に基づいて都市開発を行うに当たっては、市町村において人材や専門的ノウハウが不足している状況等に鑑み、民間事業者等の選定に当たり、土地所有者、住民や利害関係人等の意見を十分に反映した事業の実施ができる者を適切に判断できるよう、必要な技術的支援を行うこと。

右決議する。

２－１　都市再生特別措置法等の一部を改正する法律の一部の施行期日を定める政令

（令和２年11月27日
政 令 第 336 号）

内閣は、都市再生特別措置法等の一部を改正する法律（令和２年法律第43号）附則第１条ただし書の規定に基づき、この政令を制定する。

都市再生特別措置法等の一部を改正する法律附則第１条ただし書に規定する規定の施行期日は、令和４年４月１日とする。

２―２　都市再生特別措置法施行令及び都市計画法施行令の一部を改正する政令　新旧対照条文

○都市再生特別措置法施行令（平成14年政令第190号）（抄）（第１条関係）

（傍線部分は改正部分）

改　正　後	改　正　前
（建築等の届出を要しない都市計画事業の施行として行う行為に準ずる行為）	（建築等の届出を要しない都市計画事業の施行として行う行為に準ずる行為）
第35条　法第88条第１項第３号の政令で定める行為は、都市計画法第４条第６項に規定する都市計画施設（第45条において「都市計画施設」という。）を管理することとなる者が当該都市施設に関する都市計画に適合して行う行為（都市計画事業の施行として行うものを除く。）とする。	**第35条**　法第88条第１項第３号の政令で定める行為は、都市計画法第４条第６項に規定する都市計画施設（第43条において「都市計画施設」という。）を管理することとなる者が当該都市施設に関する都市計画に適合して行う行為（都市計画事業の施行として行うものを除く。）とする。
（勧告に従わなかった旨の公表に係る区域）	
第36条　法第88条第５項の政令で定める区域は、急傾斜地崩壊危険区域とする。	（新設）
第37条　（略）	**第36条**　（略）
（技術的読替え）	（技術的読替え）
第38条　法第90条の規定による技術的読替えは、次の表のとおりとする。	**第37条**　法第90条の規定による技術的読替えは、次の表のとおりとする。
読み替える都市計画法の規定 ／ 読み替えられる字句 ／ 読み替える字句	読み替える都市計画法の規定 ／ 読み替えられる字句 ／ 読み替える字句

改正後			改正前		
（略）	（略）	（略）	（略）	（略）	（略）
第34条第８号の２	存する建築物又は第一種特定工作物	存する住宅等（都市再生特別措置法第90条に規定する住宅等をいう。以下この条において同じ。）	（新設）	（新設）	（新設）
	建築物又は第一種特定工作物（いずれも	住宅等（		（新設）	（新設）
	建築物又は第一種特定工作物の	住宅等の		（新設）	（新設）
	建築又は建設	建築		（新設）	（新設）
第34条第10号	建築物又は第一種特定工作物の建築又は建設	住宅等の建築	第34条第10号	建築物又は第一種特定工作物の建築又は建設	住宅等（都市再生特別措置法第90条に規定する住宅等をいう。第13号において同じ。）の建築
（略）	（略）	（略）	（略）	（略）	（略）

改正後	改正前
（開発許可をすることができる開発行為を条例で定める場合の基準） **第39条**　法第90条の規定により都市計画法第34条第12号の規定を読み替えて適用する場合における都市計画法	（新設）

改　正　後	改　正　前
施行令第29条の10の規定の適用については、同条中「とする」とあるのは、「とする。この場合において、同条第５号中「建築物」とあるのは、「住宅等（都市再生特別措置法（平成14年法律第22号）第90条に規定する住宅等をいう。）」とする」とする。	
（開発許可を受けた土地以外の土地における建築等の許可の基準）	（開発許可を受けた土地以外の土地における建築等の許可の基準）
第40条　法第90条の規定により都市計画法第43条第２項の規定を読み替えて適用する場合における都市計画法施行令第36条第１項の規定の適用については、同項第１号中「建築物又は第一種特定工作物の敷地」とあるのは「住宅等（都市再生特別措置法（平成14年法律第22号）第90条の規定により読み替えて適用する法第43条第１項に規定する住宅等をいう。第３号イを除き、以下この項において同じ。）の敷地」と、同号イ⑷並びに同項第２号並びに第３号イ及びハからホまでの規定中「建築物又は第一種特定工作物」とあるのは「住宅等」と、同号中「建築物又は第一種特定工作物が次の」とあるのは「住宅等がイ又はハからホまでの」と、同号イ中「法第34条第１号から第10号まで」とあるのは「都市再生特別措置法第90条及び都市再生特別	第38条　法第90条の規定により都市計画法第43条第２項の規定を読み替えて適用する場合における都市計画法施行令第36条第１項の規定の適用については、同項第１号中「建築物又は第一種特定工作物の敷地」とあるのは「住宅等（都市再生特別措置法（平成14年法律第22号）第90条の規定により読み替えて適用する法第43条第１項に規定する住宅等をいう。第３号イを除き、以下この項において同じ。）の敷地」と、同号イ⑷並びに同項第２号並びに第３号イ及びハからホまでの規定中「建築物又は第一種特定工作物」とあるのは「住宅等」と、同号中「建築物又は第一種特定工作物が次の」とあるのは「住宅等がイ又はハからホまでの」と、同号イ中「法第34条第１号から第10号まで」とあるのは「都市再生特別措置法第90条の規定により読み

改　正　後	改　正　前
措置法施行令（平成14年政令第190号）第38条の規定により読み替えて適用する法第34条第８号の２に規定する代わるべき住宅等又は同条第10号」と、同号ハ及びホ中「市街化を」とあるのは「住宅地化を」と、「市街化区域内」とあるのは「居住調整地域外」と、同号ハ中「建築物の新築、改築若しくは用途の変更又は第一種特定工作物の新設」とあるのは「住宅等を新築し、又は建築物を改築し、若しくはその用途を変更して住宅等とする行為」と、「第29条の９各号」とあるのは「都市再生特別措置法施行令第39条の規定により読み替えて適用する第29条の９各号」と、同号ニ中「法」とあるのは「都市再生特別措置法第90条及び都市再生特別措置法施行令第38条の規定により読み替えて適用する法」と、同号ニ及びホ中「建築し、又は建設する」とあるのは「建築する」とする。	替えて適用する法第34条第10号」と、同号ハ及びホ中「市街化を」とあるのは「住宅地化を」と、「市街化区域内」とあるのは「居住調整地域外」と、同号ハ中「建築物の新築、改築若しくは用途の変更又は第一種特定工作物の新設」とあるのは「住宅等を新築し、又は建築物を改築し、若しくはその用途を変更して住宅等とする行為」と、同号ニ中「法」とあるのは「都市再生特別措置法第90条の規定により読み替えて適用する法」と、同号ニ及びホ中「建築し、又は建設する」とあるのは「建築する」とする。
第41条　（略）	第39条　（略）

○都市計画法施行令（昭和44年政令第158号）（抄）（第２条関係）

（傍線部分は改正部分）

改　正　後	改　正　前
（開発行為を行うのに適当でない区域）	（開発行為を行うのに適当でない区域）
第23条の２　法第33条第１項第８号（法第35条の２第４項において準用する場合を含む。）の政令で定める開発行為を行うのに適当でない区域は、急傾斜地崩壊危険区域（急傾斜地の崩壊による災害の防止に関する法律（昭和44年法律第57号）第３条第１項の急傾斜地崩壊危険区域をいう。第29条の７及び第29条の９第３号において同じ。）とする。	第23条の２　法第33条第１項第８号（法第35条の２第４項において準用する場合を含む。）の政令で定める開発行為を行うのに適当でない区域は、急傾斜地の崩壊による災害の防止に関する法律（昭和44年法律第57号）第３条第１項の急傾斜地崩壊危険区域とする。
（市街化調整区域のうち開発行為を行うのに適当でない区域）	
第29条の７　法第34条第８号の２（法第35条の２第４項において準用する場合を含む。）の政令で定める開発行為を行うのに適当でない区域は、災害危険区域等（法第33条第１項第８号に規定する災害危険区域等をいう。）及び急傾斜地崩壊危険区域とする。	（新設）
第29条の８　（略）	第29条の７　（略）
（法第34条第11号の土地の区域を条例で指定する場合の基準）	（法第34条第11号の土地の区域を条例で指定する場合の基準）
第29条の９　法第34条第11号（法第35条の２第４項において準用する場合	第29条の８　法第34条第11号（法第35条の２第４項において準用する場合

改正後	改正前
を含む。）の政令で定める基準は、同号の条例で指定する土地の区域に、原則として、次に掲げる区域を含まないこととする。 一　建築基準法（昭和25年法律第201号）第39条第１項の災害危険区域 二　地すべり等防止法（昭和33年法律第30号）第３条第１項の地すべり防止区域 三　急傾斜地崩壊危険区域 四　土砂災害警戒区域等における土砂災害防止対策の推進に関する法律（平成12年法律第57号）第７条第１項の土砂災害警戒区域 五　水防法（昭和24年法律第193号）第15条第１項第４号の浸水想定区域のうち、土地利用の動向、浸水した場合に想定される水深その他の国土交通省令で定める事項を勘案して、洪水、雨水出水（同法第２条第１項の雨水出水をいう。）又は高潮が発生した場合には建築物が損壊し、又は浸水し、住民その他の者の生命又は身体に著しい危害が生ずるおそれがあると認められる土地の区域 六　前各号に掲げる区域のほか、第８条第１項第２号ロからニまでに掲げる土地の区域	を含む。）の政令で定める基準は、同号の条例で指定する土地の区域に、原則として、第８条第１項第２号ロからニまでに掲げる土地の区域を含まないこととする。
（開発許可をすることができる開発	（開発許可をすることができる開発

改　正　後	改　正　前
行為を条例で定める場合の基準） 第29条の10　法第34条第12号（法第35条の２第４項において準用する場合を含む。）の政令で定める基準は、同号の条例で定める区域に、原則として、前条各号に掲げる区域を含まないこととする。	行為を条例で定める場合の基準） 第29条の９　法第34条第12号（法第35条の２第４項において準用する場合を含む。）の政令で定める基準は、同号の条例で定める区域に、原則として、第８条第１項第２号ロからニまでに掲げる土地の区域を含まないこととする。
（開発許可を受けた土地以外の土地における建築等の許可の基準） 第36条　都道府県知事（指定都市等の区域内にあつては、当該指定都市等の長。以下この項において同じ。）は、次の各号のいずれにも該当すると認めるときでなければ、法第43条第１項の許可をしてはならない。 一・二　（略） 三　当該許可の申請に係る建築物又は第一種特定工作物が次のいずれかに該当すること。 イ・ロ　（略） ハ　建築物又は第一種特定工作物の周辺における市街化を促進するおそれがないと認められ、かつ、市街化区域内において行うことが困難又は著しく不適当と認められる建築物の新築、改築若しくは用途の変更又は第一種特定工作物の新設として、都道府県の条例で区域、目的又は用途を限り定められたもの。この	（開発許可を受けた土地以外の土地における建築等の許可の基準） 第36条　都道府県知事（指定都市等の区域内にあつては、当該指定都市等の長。以下この項において同じ。）は、次の各号のいずれにも該当すると認めるときでなければ、法第43条第１項の許可をしてはならない。 一・二　（略） 三　当該許可の申請に係る建築物又は第一種特定工作物が次のいずれかに該当すること。 イ・ロ　（略） ハ　建築物又は第一種特定工作物の周辺における市街化を促進するおそれがないと認められ、かつ、市街化区域内において行うことが困難又は著しく不適当と認められる建築物の新築、改築若しくは用途の変更又は第一種特定工作物の新設として、都道府県の条例で区域、目的又は用途を限り定められたもの。この

改　正　後	改　正　前
場合において、当該条例で定める区域には、原則として、第29条の９各号に掲げる区域を含まないものとする。 ニ・ホ　（略） ２　（略）	場合において、当該条例で定める区域には、原則として、第８条第１項第２号ロからニまでに掲げる土地の区域を含まないものとする。 ニ・ホ　（略） ２　（略）

３　都市再生特別措置法施行規則及び都市計画法施行規則の一部を改正する省令

（令和２年11月27日
国土交通省令第92号）

（都市再生特別措置法施行規則の一部改正）

第１条　都市再生特別措置法施行規則（平成14年国土交通省令第66号）の一部を次のように改正する。

次の表により、改正前欄に掲げる規定の傍線を付した部分をこれに対応する改正後欄に掲げる規定の傍線を付した部分のように改める。

改　正　後	改　正　前
（都市計画法施行規則の特例） **第39条**　（略） ２・３　（略） ４　法第90条の規定により都市計画法第43条の規定を読み替えて適用する場合においては、同条第１項に規定する許可の申請は、都市計画法施行規則第34条第１項の規定にかかわらず、別記様式第14による特定建築等行為許可申請書を提出して行うものとする。この場合において、同条第２項中「前項」とあるのは「都市再生特別措置法施行規則第39条第４項前段」と、「令」とあるのは「都市再生特別措置法施行令（平成14年政令第190号）<u>第40条</u>の規定により読み替えて適用する令」と、「区域区分」とあるのは「居住調整地域」と、「居住若しくは業務」とあるのは「居住」と、「建築物を建築し、	（都市計画法施行規則の特例） **第39条**　（略） ２・３　（略） ４　法第90条の規定により都市計画法第43条の規定を読み替えて適用する場合においては、同条第１項に規定する許可の申請は、都市計画法施行規則第34条第１項の規定にかかわらず、別記様式第14による特定建築等行為許可申請書を提出して行うものとする。この場合において、同条第２項中「前項」とあるのは「都市再生特別措置法施行規則第39条第４項前段」と、「令」とあるのは「都市再生特別措置法施行令（平成14年政令第190号）<u>第38条</u>の規定により読み替えて適用する令」と、「区域区分」とあるのは「居住調整地域」と、「居住若しくは業務」とあるのは「居住」と、「建築物を建築し、

改　正　後	改　正　前
又は自己の業務の用に供する第一種特定工作物を建設する」とあるのは「住宅等（都市再生特別措置法（平成14年法律第22号）第90条の規定により読み替えて適用する法第43条第１項に規定する住宅等をいう。以下この項において同じ。）を建築する」と、同項の表敷地現況図の項中「建築物の新築若しくは改築又は第一種特定工作物の新設」とあるのは「住宅等を新築し、又は建築物を改築して住宅等とする行為」と、「建築物の位置又は第一種特定工作物」とあるのは「住宅等」と、「用途の変更」とあるのは「用途を変更して住宅等とする行為」と、「建築物の位置並びに」とあるのは「住宅等の位置並びに」とする。	又は自己の業務の用に供する第一種特定工作物を建設する」とあるのは「住宅等（都市再生特別措置法（平成14年法律第22号）第90条の規定により読み替えて適用する法第43条第１項に規定する住宅等をいう。以下この項において同じ。）を建築する」と、同項の表敷地現況図の項中「建築物の新築若しくは改築又は第一種特定工作物の新設」とあるのは「住宅等を新築し、又は建築物を改築して住宅等とする行為」と、「建築物の位置又は第一種特定工作物」とあるのは「住宅等」と、「用途の変更」とあるのは「用途を変更して住宅等とする行為」と、「建築物の位置並びに」とあるのは「住宅等の位置並びに」とする。
（国土交通省関係大規模災害からの復興に関する法律施行規則の特例）	**（国土交通省関係大規模災害からの復興に関する法律施行規則の特例）**
第40条　法第92条の規定により大規模災害からの復興に関する法律（平成25年法律第55号）第13条第11項の規定を読み替えて適用する場合における国土交通省関係大規模災害からの復興に関する法律施行規則（平成25年国土交通省令第69号）第３条第１項の規定の適用については、同項中「都市計画法施行令」とあるのは、「都市再生特別措置法施行令（平成14年政令第190号）<u>第40条</u>の規定に	**第40条**　法第92条の規定により大規模災害からの復興に関する法律（平成25年法律第55号）第13条第11項の規定を読み替えて適用する場合における国土交通省関係大規模災害からの復興に関する法律施行規則（平成25年国土交通省令第69号）第３条第１項の規定の適用については、同項中「都市計画法施行令」とあるのは、「都市再生特別措置法施行令（平成14年政令第190号）<u>第38条</u>の規定に

改　正　後	改　正　前
より読み替えて適用する都市計画法施行令」とする。	より読み替えて適用する都市計画法施行令」とする。

（都市計画法施行規則の一部改正）

第２条　都市計画法施行規則（昭和44年建設省令第49号）の一部を次のように改正する。

次の表により、改正前欄に掲げる規定の傍線を付した部分をこれに対応する改正後欄に掲げる規定の傍線を付した部分のように改め、改正前欄及び改正後欄に対応して掲げるその標記部分に二重傍線を付した規定（以下「対象規定」という。）は、当該対象規定を改正後欄に掲げるもののように改め、改正後欄に掲げる対象規定で改正前欄にこれに対応するものを掲げていないものは、これを加える。

改　正　後	改　正　前
（令第29条の９第５号の国土交通省令で定める事項） **第27条の６**　令第29条の９第５号の国土交通省令で定める事項は、次に掲げるものとする。 一　土地利用の動向 二　水防法施行規則（平成12年建設省令第44号）第２条第２号、第５条第２号又は第８条第２号に規定する浸水した場合に想定される水深及び同規則第２条第３号、第５条第３号又は第８条第３号に規定する浸水継続時間 三　過去の降雨により河川が氾濫した際に浸水した地点、その水深その他の状況	（新設）
（開発登録簿の記載事項） **第35条**　法第47条第１項第６号の国土	**（開発登録等の記載事項）** **第35条**　法第47条第１項第６号の国土

改　正　後	改　正　前
交通省令で定める事項は、次に掲げるものとする。 一　法第33条第１項第８号ただし書に該当するときは、その旨 二　法第45条の規定により開発許可に基づく地位を承継した者の住所及び氏名	交通省令で定める事項は、法第45条の規定により開発許可に基づく地位を承継した者の住所及び氏名とする。
（公示の方法） **第59条の２**　法第81条第３項の国土交通省令で定める方法は、国土交通大臣の命令に係るものにあつては官報への掲載、都道府県知事又は市町村長の命令に係るものにあつては当該都道府県又は市町村の公報への掲載とする。	（公示の方法） **第59条の２**　法第81条第３項の国土交通省令で定める方法は、国土交通大臣の命令に係るものにあつては官報への掲載、都道府県知事又は市町村長の命令に係るものにあつては当該都道府県又は市の公報への掲載とする。

附　則

（施行期日）

1　この省令は、都市再生特別措置法等の一部を改正する法律（令和２年法律第43号）附則第１条ただし書に規定する規定の施行の日（令和４年４月１日）から施行する。

（浸水した場合に想定される水深に関する経過措置）

2　当分の間、第２条の規定による改正後の都市計画法施行規則第27条の６第２号の規定の適用については、「第２条第２号」とあるのは「第２条第２号若しくは第４号」とする。

（開発登録簿に関する経過措置）

3　この省令の施行の日前に都市計画法第29条第１項若しくは第２項若しくは第35条の２第１項の規定による許可若しくは同条第３項の規定による届出がされた場合又は同法第34条の２第１項の協議が成立した場合における開発登録簿の記載事項については、第２条の規定による改正後の都市計画法施行規則第35条の規定にかかわらず、なお従前の例による。

４　都市再生特別措置法施行令及び都市計画法施行令の一部を改正する政令　読替表

（※ 掲載する条文は改正後のもの）

○都市再生特別措置法第90条の規定及び都市再生特別措置法施行令第38条の規定による都市計画法第34条及び第43条の読替表

（傍線部分は法律【都市再生特別措置法第90条】による読替部分、波線は当然に読み替えられる部分、破線は政令による技術的読替部分（赤字〔斜体〕は今回の改正部分））

読替後	読替後 （法改正前の規定についての読替）	読替前
第34条　前条の規定にかかわらず、居住調整地域に係る都市再生特別措置法第90条に規定する特定開発行為については、当該申請に係る開発行為及びその申請の手続が前条に定める要件に該当するほか、当該申請に係る開発行為が第８号の２、第10号又は第12号から第14号までのいずれかに該当すると認める場合でなければ、都道府県知事は、開発許可をしてはならない。	**第34条**　前条の規定にかかわらず、居住調整地域に係る都市再生特別措置法第90条に規定する特定開発行為については、当該申請に係る開発行為及びその申請の手続が前条に定める要件に該当するほか、当該申請に係る開発行為が第10号又は第12号から第14号までのいずれかに該当すると認める場合でなければ、都道府県知事は、開発許可をしてはならない。	**第34条**　前条の規定にかかわらず、市街化調整区域に係る開発行為（主として第二種特定工作物の建設の用に供する目的で行う開発行為を除く。）については、当該申請に係る開発行為及びその申請の手続が同条に定める要件に該当するほか、当該申請に係る開発行為が次の各号のいずれかに該当すると認める場合でなければ、都道府県知事は、開発許可をしてはならない。
一～八　（略）	一～九　（略）	一～八　（略）
八の二　居住調整地域のうち災害危険区域等その他の政令で定める開発行為を行うのに適当でない区域内に*存する住宅等（都市再生特別措置法第90条に規定する住宅等をいう。以下この条において同じ。）*に代わるべき*住宅等（*当該区域外において従前の*住宅等の*用途と同一の用途に供されることとなるものに限る。）の*建築*の用に供する目的で行う開発行為		八の二　市街化調整区域のうち災害危険区域等その他の政令で定める開発行為を行うのに適当でない区域内に*存する建築物又は第一種特定工作物*に代わるべき*建築物又は第一種特定工作物（いずれも*当該区域外において従前の*建築物又は第一種特定工作物の*用途と同一の用途に供されることとなるものに限る。）の*建築又は建設*の用に供する目的で行う開発行為
九　（略）		九　（略）

読替後	読替後 （法改正前の規定についての読替）	読替前
十　地区計画又は集落地区計画の区域（地区整備計画又は集落地区整備計画が定められている区域に限る。）内において、当該地区計画又は集落地区計画に定められた内容に適合する住宅等の建築の用に供する目的で行う開発行為	十　地区計画又は集落地区計画の区域（地区整備計画又は集落地区整備計画が定められている区域に限る。）内において、当該地区計画又は集落地区計画に定められた内容に適合する住宅等*（都市再生特別措置法第90条に規定する住宅等をいう。第13号において同じ。）*の建築の用に供する目的で行う開発行為	十　地区計画又は集落地区計画の区域（地区整備計画又は集落地区整備計画が定められている区域に限る。）内において、当該地区計画又は集落地区計画に定められた内容に適合する建築物又は第一種特定工作物の建築又は建設の用に供する目的で行う開発行為
十一　（略）	十一　（略）	十一　（略）
十二　開発区域の周辺における住宅地化を促進するおそれがないと認められ、かつ、居住調整地域外において行うことが困難又は著しく不適当と認められる開発行為として、災害の防止その他の事情を考慮して政令で定める基準に従い、都道府県の条例で区域、目的又は予定建築物等の用途を限り定められたもの	十二　開発区域の周辺における住宅地化を促進するおそれがないと認められ、かつ、居住調整地域外において行うことが困難又は著しく不適当と認められる開発行為として、政令で定める基準に従い、都道府県の条例で区域、目的又は予定建築物等の用途を限り定められたもの	十二　開発区域の周辺における市街化を促進するおそれがないと認められ、かつ、市街化区域内において行うことが困難又は著しく不適当と認められる開発行為として、災害の防止その他の事情を考慮して政令で定める基準に従い、都道府県の条例で区域、目的又は予定建築物等の用途を限り定められたもの
十三　居住調整地域に関する都市計画が決定され、又は当該都市計画を変更して居住調整地域が拡張された際、自己の居住の用に供する住宅等を建築する目的で土地又は土地の利用に関する所有権以外の権利を有していた者で、当該都市計画の決定又は変更の日から起算して６月以内に国土交通省令で定める事項を都道府県知事に届け出たものが、当該目的に従つて、当該土地に関する権利の行使として行う開発行為（政令で定める期間内に行うものに限る。）	十三　居住調整地域に関する都市計画が決定され、又は当該都市計画を変更して居住調整地域が拡張された際、自己の居住の用に供する住宅等を建築する目的で土地又は土地の利用に関する所有権以外の権利を有していた者で、当該都市計画の決定又は変更の日から起算して６月以内に国土交通省令で定める事項を都道府県知事に届け出たものが、当該目的に従つて、当該土地に関する権利の行使として行う開発行為（政令で定める期間内に行うものに限る。）	十三　区域区分に関する都市計画が決定され、又は当該都市計画を変更して市街化調整区域が拡張された際、自己の居住若しくは業務の用に供する建築物を建築し、又は自己の業務の用に供する第一種特定工作物を建設する目的で土地又は土地の利用に関する所有権以外の権利を有していた者で、当該都市計画の決定又は変更の日から起算して６月以内に国土交通省令で定める事項を都道府県知事に届け出たものが、当該目的に従つて、当該土地に関する権利の行使として行う開発行為（政令で定める期間内に行うものに限

読　替　後	読　替　後 （法改正前の規定についての読替）	読　替　前
		る。）
十四　前各号に掲げるもののほか、都道府県知事が開発審査会の議を経て、開発区域の周辺における住宅地化を促進するおそれがなく、かつ、居住調整地域外において行うことが困難又は著しく不適当と認める開発行為	十四　前各号に掲げるもののほか、都道府県知事が開発審査会の議を経て、開発区域の周辺における住宅地化を促進するおそれがなく、かつ、居住調整地域外において行うことが困難又は著しく不適当と認める開発行為	十四　前各号に掲げるもののほか、都道府県知事が開発審査会の議を経て、開発区域の周辺における市街化を促進するおそれがなく、かつ、市街化区域内において行うことが困難又は著しく不適当と認める開発行為
（開発許可を受けた土地以外の土地における建築等の制限）	**（開発許可を受けた土地以外の土地における建築等の制限）**	**（開発許可を受けた土地以外の土地における建築等の制限）**
第43条　何人も、居住調整地域のうち開発許可を受けた開発区域以外の区域内においては、都道府県知事の許可を受けなければ、都市再生特別措置法第90条に規定する住宅等（同条の政令で定める戸数未満の住宅を除く。以下この項において「住宅等」という。）を新築してはならず、また、建築物を改築し、又はその用途を変更して住宅等としてはならない。ただし、次に掲げる特定建築等行為（同条に規定する特定建築等行為をいう。以下この条において同じ。）については、この限りでない。	**第43条**　何人も、居住調整地域のうち開発許可を受けた開発区域以外の区域内においては、都道府県知事の許可を受けなければ、都市再生特別措置法第90条に規定する住宅等（同条の政令で定める戸数未満の住宅を除く。以下この項において「住宅等」という。）を新築してはならず、また、建築物を改築し、又はその用途を変更して住宅等としてはならない。ただし、次に掲げる特定建築等行為（同条に規定する特定建築等行為をいう。以下この条において同じ。）については、この限りでない。	**第43条**　何人も、市街化調整区域のうち開発許可を受けた開発区域以外の区域内においては、都道府県知事の許可を受けなければ、第29条第１項第２号若しくは第３号に規定する建築物以外の建築物を新築し、又は第一種特定工作物を新設してはならず、また、建築物を改築し、又はその用途を変更して同項第２号若しくは第３号に規定する建築物以外の建築物としてはならない。ただし、次に掲げる建築物の新築、改築若しくは用途の変更又は第一種特定工作物の新設については、この限りでない。
一　都市計画事業の施行として行う特定建築等行為	一　都市計画事業の施行として行う特定建築等行為	一　都市計画事業の施行として行う建築物の新築、改築若しくは用途の変更又は第一種特定工作物の新設
二　非常災害のため必要な応急措置として行う特定建築等行為	二　非常災害のため必要な応急措置として行う特定建築等行為	二　非常災害のため必要な応急措置として行う建築物の新築、改築若しくは用途の変更又は第一種特定工作物の新設
三　住宅等で仮設のもの又は第29条第１項第２号に規定する建築物であるものに係る特定建築等行為	三　住宅等で仮設のもの又は第29条第１項第２号に規定する建築物であるものに係る特定建築等行為	三　仮設建築物の新築
四　第29条第１項第９号に掲げ	四　第29条第１項第９号に掲げ	四　第29条第１項第９号に掲げ

読　替　後	読　替　後 （法改正前の規定についての読替）	読　替　前
る開発行為その他の政令で定める開発行為が行われた土地の区域内において行う特定建築等行為	る開発行為その他の政令で定める開発行為が行われた土地の区域内において行う特定建築等行為	る開発行為その他の政令で定める開発行為が行われた土地の区域内において行う建築物の新築、改築若しくは用途の変更又は第一種特定工作物の新設
五　通常の管理行為、軽易な行為その他の行為で政令で定めるもの	五　通常の管理行為、軽易な行為その他の行為で政令で定めるもの	五　通常の管理行為、軽易な行為その他の行為で政令で定めるもの
2　前項の規定による許可の基準は、第33条及び都市再生特別措置法第90条の規定により読み替えて適用する第34条に規定する開発許可の基準の例に準じて、政令で定める。	2　前項の規定による許可の基準は、第33条及び都市再生特別措置法第90条の規定により読み替えて適用する第34条に規定する開発許可の基準の例に準じて、政令で定める。	2　前項の規定による許可の基準は、第33条及び第34条に規定する開発許可の基準の例に準じて、政令で定める。
3　国又は都道府県等が行う特定建築等行為（第１項各号に掲げるものを除く。）については、当該国の機関又は都道府県等と都道府県知事との協議が成立することをもつて、同項の許可があつたものとみなす。	3　国又は都道府県等が行う特定建築等行為（第１項各号に掲げるものを除く。）については、当該国の機関又は都道府県等と都道府県知事との協議が成立することをもつて、同項の許可があつたものとみなす。	3　国又は都道府県等が行う第１項本文の建築物の新築、改築若しくは用途の変更又は第一種特定工作物の新設（同項各号に掲げるものを除く。）については、当該国の機関又は都道府県等と都道府県知事との協議が成立することをもつて、同項の許可があつたものとみなす。

○都市再生特別措置法施行令第39条の規定による都市計画法施行令第29条の10の読替表

（傍線部分は読替部分（赤字〔斜体〕は今回の改正部分））

読替後	読替前
（開発許可をすることができる開発行為を条例で定める場合の基準） **第29条の10**　法第34条第12号（法第35条の２第４項において準用する場合を含む。）の政令で定める基準は、同号の条例で定める区域に、原則として、前条各号に掲げる区域を含まないこと*とする。この場合において、同条第５号中「建築物」とあるのは、「住宅等（都市再生特別措置法（平成14年法律第22号）第90条に規定する住宅等をいう。）」とする*。	（開発許可をすることができる開発行為を条例で定める場合の基準） **第29条の10**　法第34条第12号（法第35条の２第４項において準用する場合を含む。）の政令で定める基準は、同号の条例で定める区域に、原則として、前条各号に掲げる区域を含まないこと*とする*。

○都市再生特別措置法施行令第39条の規定により都市計画法施行令第29条の10の規定を読み替えて適用する場合における同令第29条の９の読替表

（波線は当然に読み替えられる部分、傍線部分は読替部分（赤字は〔斜体〕今回の改正部分））

読　替　後	読　替　前
（法第34条第12号の土地の区域を条例で指定する場合の基準） 第29条の９　法第34条第12号（法第35条の２第４項において準用する場合を含む。）の政令で定める基準は、同号の条例で指定する土地の区域に、原則として、次に掲げる区域を含まないこととする。 一　建築基準法（昭和25年法律第201号）第39条第１項の災害危険区域 二　地すべり等防止法（昭和33年法律第30号）第３条第１項の地すべり防止区域 三　急傾斜地崩壊危険区域 四　土砂災害警戒区域等における土砂災害防止対策の推進に関する法律（平成12年法律第57号）第７条第１項の土砂災害警戒区域 五　水防法（昭和24年法律第193号）第15条第１項第４号の浸水想定区域のうち、土地利用の動向、浸水した場合に想定される水深その他の国土交通省令で定める事項を勘案して、洪水、雨水出水（同法第２条第１項の雨水出水をいう。）又は高潮が発生した場合には*住宅等（都市再生特別措置法（平成14年法律第22号）第90条に規定する住宅等をいう。）*が損壊し、又は浸水し、住民その他の者の生命又は身体に著しい危害が生ずるおそれがあると認められる土地の区域 六　前各号に掲げる区域のほか、第８条第１項第２号ロからニまでに掲げる土地の区域	（法第34条第11号の土地の区域を条例で指定する場合の基準） 第29条の９　法第34条第11号（法第35条の２第４項において準用する場合を含む。）の政令で定める基準は、同号の条例で指定する土地の区域に、原則として、次に掲げる区域を含まないこととする。 一　建築基準法（昭和25年法律第201号）第39条第１項の災害危険区域 二　地すべり等防止法（昭和33年法律第30号）第３条第１項の地すべり防止区域 三　急傾斜地崩壊危険区域 四　土砂災害警戒区域等における土砂災害防止対策の推進に関する法律（平成12年法律第57号）第７条第１項の土砂災害警戒区域 五　水防法（昭和24年法律第193号）第15条第１項第４号の浸水想定区域のうち、土地利用の動向、浸水した場合に想定される水深その他の国土交通省令で定める事項を勘案して、洪水、雨水出水（同法第２条第１項の雨水出水をいう。）又は高潮が発生した場合には*建築物*が損壊し、又は浸水し、住民その他の者の生命又は身体に著しい危害が生ずるおそれがあると認められる土地の区域 六　前各号に掲げる区域のほか、第８条第１項第２号ロからニまでに掲げる土地の区域

○都市再生特別措置法第90条の規定により都市計画法第43条第２項の規定を読み替えて適用する場合における都市計画法施行令第36条第１項の読替表

（傍線部分は読替部分（赤字〔斜体〕は今回の改正部分））

読替後	読替後 （法改正前の規定についての読替）	読替前
（開発許可を受けた土地以外の土地における建築等の許可の基準）	（開発許可を受けた土地以外の土地における建築等の許可の基準）	（開発許可を受けた土地以外の土地における建築等の許可の基準）
第36条　都道府県知事（指定都市等の区域内にあつては、当該指定都市等の長。以下この項において同じ。）は、次の各号のいずれにも該当すると認めるときでなければ、法第43条第１項の許可をしてはならない。	**第36条**　都道府県知事（指定都市等の区域内にあつては、当該指定都市等の長。以下この項において同じ。）は、次の各号のいずれにも該当すると認めるときでなければ、法第43条第１項の許可をしてはならない。	**第36条**　都道府県知事（指定都市等の区域内にあつては、当該指定都市等の長。以下この項において同じ。）は、次の各号のいずれにも該当すると認めるときでなければ、法第43条第１項の許可をしてはならない。
一　当該許可の申請に係る住宅等（都市再生特別措置法（平成14年法律第22号）第90条の規定により読み替えて適用する法第43条第１項に規定する住宅等をいう。第３号イを除き、以下この項において同じ。）の敷地が次に定める基準（用途の変更の場合にあつては、ロを除く。）に適合していること。	一　当該許可の申請に係る住宅等（都市再生特別措置法（平成14年法律第22号）第90条の規定により読み替えて適用する法第43条第１項に規定する住宅等をいう。第３号イを除き、以下この項において同じ。）の敷地が次に定める基準（用途の変更の場合にあつては、ロを除く。）に適合していること。	一　当該許可の申請に係る建築物又は第一種特定工作物の敷地が次に定める基準（用途の変更の場合にあつては、ロを除く。）に適合していること。
イ　排水路その他の排水施設が、次に掲げる事項を勘案して、敷地内の下水を有効に排出するとともに、その排出によつて当該敷地及びその周辺の地域に出水等による被害が生じないような構造及び能力で適当に配置されていること。	イ　排水路その他の排水施設が、次に掲げる事項を勘案して、敷地内の下水を有効に排出するとともに、その排出によつて当該敷地及びその周辺の地域に出水等による被害が生じないような構造及び能力で適当に配置されていること。	イ　排水路その他の排水施設が、次に掲げる事項を勘案して、敷地内の下水を有効に排出するとともに、その排出によつて当該敷地及びその周辺の地域に出水等による被害が生じないような構造及び能力で適当に配置されていること。
(1)　当該地域における降水量	(1)　当該地域における降水量	(1)　当該地域における降水量
(2)　当該敷地の規模、形状及び地盤の性質	(2)　当該敷地の規模、形状及び地盤の性質	(2)　当該敷地の規模、形状及び地盤の性質
(3)　敷地の周辺の状況及び	(3)　敷地の周辺の状況及び	(3)　敷地の周辺の状況及び

読　替　後	読　替　後 （法改正前の規定についての読替）	読　替　前
放流先の状況 (4)　当該住宅等の用途	放流先の状況 (4)　当該住宅等の用途	放流先の状況 (4)　当該建築物又は第一種特定工作物の用途
ロ　地盤の沈下、崖崩れ、出水その他による災害を防止するため、当該土地について、地盤の改良、擁壁又は排水施設の設置その他安全上必要な措置が講ぜられていること。	ロ　地盤の沈下、崖崩れ、出水その他による災害を防止するため、当該土地について、地盤の改良、擁壁又は排水施設の設置その他安全上必要な措置が講ぜられていること。	ロ　地盤の沈下、崖崩れ、出水その他による災害を防止するため、当該土地について、地盤の改良、擁壁又は排水施設の設置その他安全上必要な措置が講ぜられていること。
二　地区計画又は集落地区計画の区域（地区整備計画又は集落地区整備計画が定められている区域に限る。）内においては、当該許可の申請に係る住宅等の用途が当該地区計画又は集落地区計画に定められた内容に適合していること。	二　地区計画又は集落地区計画の区域（地区整備計画又は集落地区整備計画が定められている区域に限る。）内においては、当該許可の申請に係る住宅等の用途が当該地区計画又は集落地区計画に定められた内容に適合していること。	二　地区計画又は集落地区計画の区域（地区整備計画又は集落地区整備計画が定められている区域に限る。）内においては、当該許可の申請に係る建築物又は第一種特定工作物の用途が当該地区計画又は集落地区計画に定められた内容に適合していること。
三　当該許可の申請に係る住宅等がイ又はハからホまでのいずれかに該当すること。	三　当該許可の申請に係る住宅等がイ又はハからホまでのいずれかに該当すること。	三　当該許可の申請に係る建築物又は第一種特定工作物が次のいずれかに該当すること。
イ　都市再生特別措置法第90条*及び都市再生特別措置法施行令（平成14年政令第190号）第38条の規定により読み替えて適用する法第34条第8号の2に規定する代わるべき住宅等又は同条第10号*に規定する住宅等	イ　都市再生特別措置法第90*条の規定により読み替えて適用する法第34条第10号*に規定する住宅等	イ　法第34条第1号から第10号までに規定する建築物又は第一種特定工作物
ロ　法第34条第11号の条例で指定する土地の区域内において新築し、若しくは改築する建築物若しくは新設する第一種特定工作物で同号の条例で定める用途に該当しないもの又は当該区域内において用途を変更する建築物で変更後の用途が同号の条例で定める用途に該当しないもの	ロ　法第34条第11号の条例で指定する土地の区域内において新築し、若しくは改築する建築物若しくは新設する第一種特定工作物で同号の条例で定める用途に該当しないもの又は当該区域内において用途を変更する建築物で変更後の用途が同号の条例で定める用途に該当しないもの	ロ　法第34条第11号の条例で指定する土地の区域内において新築し、若しくは改築する建築物若しくは新設する第一種特定工作物で同号の条例で定める用途に該当しないもの又は当該区域内において用途を変更する建築物で変更後の用途が同号の条例で定める用途に該当しないもの

読　替　後	読　替　後 （法改正前の規定についての読替）	読　替　前
ハ　住宅等の周辺における住宅地化を促進するおそれがないと認められ、かつ、居住調整地域外において行うことが困難又は著しく不適当と認められる住宅等を新築し、又は建築物を改築し、若しくはその用途を変更して住宅等とする行為として、都道府県の条例で区域、目的又は用途を限り定められたもの。この場合において、当該条例で定める区域には、原則として、*都市再生特別措置法施行令第39条の規定により読み替えて適用する第29条の９各号*に掲げる区域を含まないものとする。	ハ　住宅等の周辺における住宅地化を促進するおそれがないと認められ、かつ、居住調整地域外において行うことが困難又は著しく不適当と認められる住宅等を新築し、又は建築物を改築し、若しくはその用途を変更して住宅等とする行為として、都道府県の条例で区域、目的又は用途を限り定められたもの。この場合において、当該条例で定める区域には、原則として、*第29条の９各号*に掲げる区域を含まないものとする。	ハ　建築物又は第一種特定工作物の周辺における市街化を促進するおそれがないと認められ、かつ、市街化区域内において行うことが困難又は著しく不適当と認められる建築物の新築、改築若しくは用途の変更又は第一種特定工作物の新設として、都道府県の条例で区域、目的又は用途を限り定められたもの。この場合において、当該条例で定める区域には、原則として、*第29条の９各号*に掲げる区域を含まないものとする。
ニ　都市再生特別措置法第90*条及び都市再生特別措置法施行令第38条の規定により読み替えて適用する法*第34条第13号に規定する者が同号に規定する土地において同号に規定する目的で建築する住宅等（第30条に規定する期間内に建築するものに限る。）	ニ　都市再生特別措置法第90*条の規定により読み替えて適用する法*第34条第13号に規定する者が同号に規定する土地において同号に規定する目的で建築する住宅等（第30条に規定する期間内に建築するものに限る。）	ニ　法第34条第13号に規定する者が同号に規定する土地において同号に規定する目的で建築し、又は建設する建築物又は第一種特定工作物（第30条に規定する期間内に建築し、又は建設するものに限る。）
ホ　当該住宅等の周辺における住宅地化を促進するおそれがないと認められ、かつ、居住調整地域外において建築することが困難又は著しく不適当と認められる住宅等で、都道府県知事があらかじめ開発審査会の議を経たもの	ホ　当該住宅等の周辺における住宅地化を促進するおそれがないと認められ、かつ、居住調整地域外において建築することが困難又は著しく不適当と認められる住宅等で、都道府県知事があらかじめ開発審査会の議を経たもの	ホ　当該建築物又は第一種特定工作物の周辺における市街化を促進するおそれがないと認められ、かつ、市街化区域内において建築し、又は建設することが困難又は著しく不適当と認められる建築物又は第一種特定工作物で、都道府県知事があらかじめ開発審査会の議を経たもの
２　（略）	２　（略）	２　（略）

5　技術的助言

○都市再生特別措置法等の一部を改正する法律による都市計画法の一部改正に関する安全なまちづくりのための開発許可制度の見直しについて（技術的助言）

（令和３年４月１日
国都計第176号）

国土交通省都市局長　から　各都道府県知事／各指定都市の長／各中核市の長／各施行時特例市の長　あて

都市再生特別措置法等の一部を改正する法律（令和２年法律第43号。以下「改正法」という。）は、令和２年６月10日に公布され、同年９月７日に一部が施行されましたが、都市計画法（昭和43年法律第100号。以下「法」という。）における開発許可制度の見直しに係る改正部分については、令和４年４月１日に施行されます（都市計画法施行令（昭和44年政令第158号。以下「令」という。）第29条の２に係る改正部分は、令和２年９月７日に施行。）。

改正法による都市計画法の改正の趣旨、目的等について、地方自治法（昭和22年法律第67号）第245条の４第１項の規定に基づく技術的助言として、下記のとおり通知しますので、改正法の施行に当たっては、下記に留意の上、適切な運用をお願いします。

都道府県におかれましては、貴管内市町村（指定都市、中核市及び施行時特例市を除く。）に対して、本通知を周知いただくようお願いいたします。

記

Ⅰ．都市計画法の改正の目的

近年の激甚化・頻発化する災害を踏まえ、増大する災害リスクに的確に対応するためには、河川堤防の整備等のハード対策とともに、災害リスクの高いエリアにおける開発の抑制が重要であり、開発規制について災害リスクを重視する観点から見直すことが急務となっている。

このため、建築基準法（昭和25年法律第201号）第39条第１項の災害危険区域、地すべり等防止法（昭和33年法律第30号）第３条第１項の地すべり防止区域、急傾斜地の崩壊による災害の防止に関する法律（昭和44年法律第57号。以下「急傾斜地法」という。）第３条第１項の急傾斜地崩壊危険区域及び土砂災害警戒区域等における土砂災害防止対策の推進に関する法律（平成12年法律第57号。以下「土砂災害防止法」という。）第９条第１項の土砂災害特別警戒区域（以下「災害危険区域等」という。）については、法第33条第１項第８号を改正して規制対象を追加するとともに、市街化調整区域において特例的に開発を認める法第34条第11号の条例で指定する土地の区域及び同条第12号の条例で定める区域については、地域の実情や災害の防止上必要な事項等も考慮した上で指定することとするなど、安全なまちづくりのための開発許可制度の見直しを行った。

Ⅱ．法第33条第１項第８号関係

１．制度改正の内容・趣旨

⑴　制度改正の内容

法第33条第１項第８号の規制対象に自己業務用の施設を追加し、災害危険区域等における開発を原則として禁止する。

⑵　制度改正の趣旨

近年の災害において、災害危険区域等に立地する自己業務用の施設が被災して大きな被害が発生していることや、自己業務用の施設の開発が周辺の市街化を誘発し、被害を拡大させるおそれがあること等を踏まえ、法第33条第１項第８号の規制対象に自己業務用の施設を追加するものである。

なお、自己居住用の住宅については、市街化の進展に与える影響や災害時に第三者に直接の被害を及ぼすおそれが少ないこと等を踏まえ、引き続き規制の対象外とする。

２．運用上の留意事項

法第33条第１項第８号ただし書に規定する「開発区域及びその周辺の状況等により支障がないと認められるとき」は、災害危険区域等における開発を例外的に許容する場合を規定している。

本規定は、次に掲げる場合に適用することが考えられる。

イ　災害危険区域等のうちその指定が解除されることが決定している場合又は短期間のうちに解除されることが確実と見込まれる場合

ロ　開発区域の面積に占める災害危険区域等の面積の割合が僅少であるとともに、フェンスを設置すること等により災害危険区域等の利用を禁止し、又は制限する場合

ハ　自己業務用の施設であって、開発許可の申請者以外の利用者が想定されない場合

ニ　災害危険区域を指定する条例による建築の制限に適合する場合

ホ　イからニまでの場合と同等以上の安全性が確保されると認められる場合

Ⅲ．法第34条第11号及び同条第12号関係

１．制度改正の内容・趣旨

⑴　制度改正の内容

法第34条第11号の条例で土地の区域を指定する際の基準及び同条第12号の条例で区域を定める際の基準については、災害の防止等の事情を考慮することを法律上明確化するとともに、改正後の令第29条の９、第29条の10及び第36条第１項第３号ハにおいて、条例区域（法第34条第11号の条例で指定する土地の区域又は同条第12号若しくは令第36条第１項第３号ハの条例で定める区域をいう。以下同じ。）から以下の区域を除外することを明確化した。

イ　災害危険区域

ロ　地すべり防止区域

ハ　急傾斜地崩壊危険区域

ニ　土砂災害防止法第７条第１項の土砂災害警戒区域

ホ　水防法（昭和24年法律第193号）第15条第１項第４号の浸水想定区域のうち、一定の区域（土地利用の動向、浸水した場合に想定される水深（以下「想定浸水深」という。）、浸水継続時間並びに過去の降雨により河川が氾濫した際に浸水した地点及びその水深等を勘案して、洪水、雨水出水又は高潮（以下「洪水等」という。）が発生した場合には建築物が損壊し、又は浸水し、住民その他の者（以下「住民等」という。）の生命又は身体に著しい危害が生ずるおそれがあると認められる土地の区域）

⑵　制度改正の趣旨

市街化調整区域において特例的に開発及び建築（以下「開発等」という。）を認める区域である条例区域に、開発不適地である災害危険区域等が含まれている実態があることや、近年の災害において市街化調整区域での浸水被害や土砂災害が多く発生していることを踏まえ、条例区域に上記イからホまでの災害リスクの高いエリアを含まないことを法令上明確化したものである。

２．運用上の留意事項

⑴　条例区域の明確化

条例区域は市街化調整区域において特例的に開発等を認める区域であることから、土地所有者等が、自己の権利に係る土地が条例区域に含まれるかどうかを容易に認識することができるよう、条例区域を客観的かつ明確に示すとともに、簡易に閲覧できるようにすべきである。

条例区域を客観的かつ明確に示す具体的な方法としては、地図上に条例区域の範囲を示す、地名・字名、地番、道路等の施設、河川等の地形・地物等を規定すること等により条例区域の範囲を特定することが考えられる。なお、地図上に条例区域の範囲を示す場合には、申請者にとって開発区域が条例区域に含まれるか否かを判別しやすくする観点から、地図の縮尺は可能な限り大きくすることが望ましい。

また、条例区域を簡易に閲覧できるようにする具体的な方法としては、ウェブサイトに掲載すること等が考えられる。

改正後の令第29条の９各号に掲げる区域（上記Ⅲ．１．⑴イからホまでの区域又は令第８条第１項第２号ロからニまでに掲げる区域）の指定又は解除の見込みがある場合には、担当部局間で連携しつつ、条例区域の見直しも可能な限り同時期に行い、その内容を反映することが望ましい。

なお、開発許可権者によっては、市街化調整区域の全域に条例区域を指定しているものや、「既存集落」といった抽象的な規定により条例区域としているものが見受けられるが、法の趣旨を踏まえ、条例区域が客観的かつ明確なものとなるよう指定方法を見直すことが望ましい。

⑵　条例区域からの災害リスクの高いエリアの除外

改正後の令第29条の９、第29条の10及び第36条第１項第３号ハにおいて、上記Ⅲ．１．⑴イからホまでの区域については条例区域に含まないこととして明確化されたところであるが、その運用については次の点に留意すべきである。

① 改正後の令第29条の９各号に掲げる区域を条例区域から除外すること。ただし、次に掲げる区域を除く。

イ 改正後の令第29条の９各号に掲げる区域のうちその指定が解除されることが決定している区域又は短期間のうちに解除されることが確実と見込まれる区域

ロ イと同等以上の安全性が確保されると認められる土地の区域

② 改正後の令第29条の９第４号に掲げる区域（上記Ⅲ．１．⑴ニの区域。土砂災害特別警戒区域が指定されている区域を除く。）のうち、次のいずれかに掲げる土地の区域については、社会経済活動の継続が困難になる等の地域の実情に照らしやむを得ない場合には、例外的に条例区域に含むことを妨げるものではない。

イ 土砂災害が発生した場合に土砂災害防止法第８条第１項に基づき市町村地域防災計画に定められた同項第２号の避難場所への確実な避難が可能な土地の区域

ロ 土砂災害を防止し、又は軽減するための施設の整備等の防災対策が実施された土地の区域

ハ イ又はロと同等以上の安全性が確保されると認められる土地の区域

③ 改正後の令第29条の９第５号に掲げる区域（上記Ⅲ．１．⑴ホの区域）については、条例区域からの除外に当たり、以下の点に留意すること。

イ 改正後の都市計画法施行規則（昭和44年建設省令第49号。以下「規則」という。）第27条の６第１号の土地利用の動向に関する勘案事項としては、人口・住宅の分布、避難路・避難場所の整備等の現状及び将来の見通しと、想定される災害のハザード情報を重ね合わせる等の災害リスク分析を行うことが考えられる。

なお、条例区域に建築物が現存しないなど、現状において住民等に対する影響が想定されないことをもって条例区域から除外しないこととするのではなく、将来的な開発の可能性も考慮して、洪水等が発生した場合における住民等の生命又は身体に及ぼす影響を検討する必要がある。

ロ 規則第27条の６第２号の想定浸水深については、一般的な家屋の２階の床面に浸水するおそれがある水深3.0mを目安とすること。なお、水防法の規定に基づき国土交通大臣、都道府県知事又は市町村長が作成する浸水想定区域図において、想定浸水深の閾値として3.0mが用いられていない場合には、2.0mとすることも考えられる。

当該想定浸水深は、想定最大規模降雨に基づく想定浸水深によることが原則であるが、地方公共団体の地域防災計画において計画降雨に基づく災害を想定している場合等については、想定最大規模降雨に基づく災害の想定に変更されるまでの間など、当分の間は、計画降雨に基づく想定浸水深によることを妨げるものではない。

ハ　上記ロにかかわらず、次のいずれかに掲げる土地の区域については、社会経済活動の継続が困難になる等の地域の実情に照らしやむを得ない場合には、例外的に上記ロの想定浸水深以上となる土地の区域を条例区域に含むことを妨げるものではない。

ⅰ）　洪水等が発生した場合に水防法第15条第１項に基づき市町村地域防災計画に定められた同項第２号の避難場所への確実な避難が可能な土地の区域

ⅱ）　開発許可等（開発許可又は法第43条第１項の許可をいう。以下同じ。）に際し法第41条第１項の制限又は第79条の条件として安全上及び避難上の対策の実施を求めることとする旨を、法第34条第11号、第12号又は令第36条第１項第３号の条例や審査基準等において明らかにした土地の区域

ⅲ）　ⅰ）又はⅱ）と同等以上の安全性が確保されると認められる土地の区域

なお、ⅱ）の場合における安全上及び避難上の対策については、建築物の居室の高床化や敷地の地盤面の嵩上げ等により床面の高さが想定浸水深以上となる居室を設けること等が考えられる。

ニ　規則第27条の６第２号の浸水継続時間が長時間に及ぶ場合には、上記ロの想定浸水深未満となる土地の区域であっても条例区域から除外することも考えられる。

ホ　規則第27条の６第３号の過去の降雨により河川が氾濫した際に浸水した地点、その水深その他の状況を勘案し、浸水被害の常襲地であると認められる場合には条例区域から除外することも考えられる。

④　改正後の令第29条の９第６号に規定する令第８条第１項第２号ロに掲げる区域としては、津波防災地域づくりに関する法律（平成23年法律第123号）第72条第１項の津波災害特別警戒区域が考えられる。なお、地域の実情を踏まえ、それ以外の区域についても条例区域から除外することを妨げるものではない。

⑤　条例区域から除外した区域における法第34条第12号若しくは第14号又は令第36条第１項第３号ハ若しくはホに係る開発許可等については、今般の改正の趣

旨に鑑み、開発許可等に際し、想定される災害に応じた安全上及び避難上の対策の実施を求めること。ただし、上記②イ若しくはロ又は上記③ハⅰ）その他これらと同等以上の安全性が確保されると認められる土地の区域における開発許可等については、この限りでない。

Ⅳ．施行に向けた準備

今般の改正や上記Ⅱ．及びⅢ．の運用は、改正後の令第29条の９各号に掲げる区域における開発に大きな影響を及ぼすものであることから、改正法の施行までに、広報等を活用して、改正法の内容及び趣旨について住民や事業者への周知を図ることが望ましい。

Ⅴ．市街化区域等における浸水想定区域の取扱い

改正法に対する衆議院及び参議院の附帯決議において「本法の趣旨に鑑み、市街化区域の浸水ハザードエリア等における開発許可についても、その周辺地域を含め溢水等の災害リスクが増大しないよう適切な措置がなされているか等について十分に確認して基準への適合性が判断されるよう、地方公共団体に対し適切な助言等を行うこと」とされたところである。

これを踏まえ、都市計画区域（市街化調整区域を除く。）又は準都市計画区域内における浸水想定区域のうち、上記Ⅲ．２．⑵③ロの想定浸水深以上となる土地の区域（洪水等が発生した場合に指定緊急避難場所等への確実な避難が可能な土地の区域を除く。）については、開発許可等に際し、法第79条の条件を付すこと等により安全上及び避難上の対策の実施を求めるなど、災害リスクを軽減する観点から適切に対応することが望ましい。

○都市計画法第33条第１項第８号の規定の運用について（技術的助言）

（令和３年４月１日
国都計第179号
国住指第4502号）

国土交通省
都市局都市計画課長
住宅局建築指導課長
から
各都道府県、指定都市、中核市、施行時特例市
開発許可担当部長　あて

貴職におかれましては、平素より開発許可行政の円滑かつ適切な運用にご尽力いただき、感謝いたします。

都市計画法（昭和43年法律第100号。以下「法」という。）第33条第１項第８号においては、原則として、建築基準法（昭和25年法律第201号）第39条第１項の災害危険区域内の土地を含まないことを開発許可の要件とした上で、同号ただし書の規定により、開発区域及びその周辺の地域の状況等により支障がないと認められるときは、この限りでないとされています。

また、災害危険区域内における建築物の建築については、当該災害危険区域を指定した条例における建築の制限に適合する場合、災害を防止し得る建築物への更新を進めることに繋がると考えられます。

開発許可に関する同号ただし書の運用については、「都市再生特別措置法等の一部を改正する法律による都市計画法の一部改正に関する安全なまちづくりのための開発許可制度の見直しについて（技術的助言）」（令和３年４月１日付国都計第176号。以下「局長通知」という。）において示したところですが、特に災害危険区域における同号ただし書の運用に当たっては、当該区域の趣旨を踏まえ、開発許可担当部局と建築部局との間で緊密に情報共有を図るとともに、下記の事項について留意していただくようお願いします。

都道府県におかれましては、貴管内市町村（指定都市、中核市及び施行時特例市を除く。）に対して、本通知を周知いただくようお願いいたします。

記

1．条例により「建築の禁止」を規定している災害危険区域について

開発行為をする土地の区域（以下「開発区域」という。）において建築が予定されている建築物（以下「予定建築物」という。）の用途について、災害危険区域を指定する条例により「建築の禁止」が規定されている場合は、開発許可すべきでないこと。

2．条例により「建築の制限」を規定している災害危険区域について

予定建築物が災害危険区域を指定する条例による「建築の制限」に適合する場合は、開発許可すべきであること。

3．急傾斜地崩壊危険区域等が指定されている災害危険区域について

開発区域に災害危険区域と重複して地すべり等防止法（昭和33年法律第30号）第３条第１項の地すべり防止区域、急傾斜地の崩壊による災害の防止に関する法律（昭和44年法律第57号）第３条第１項の急傾斜地崩壊危険区域又は土砂災害警戒区域等における土砂災害防止対策の推進に関する法律（平成12年法律第57号）第９条第１項の土砂災害特別警戒区域が指定されている区域を含む場合には、局長通知Ⅱ．２．を踏まえて判断すること。

6　特定都市河川浸水被害対策法等の一部を改正する法律　新旧対照条文

（令和３年５月10日
法 律 第 31 号）

○都市計画法（昭和43年法律第100号）（抄）（第７条関係）

（傍線の部分は改正部分）

改　正　後	改　正　前
（開発許可の基準） 第33条　都道府県知事は、開発許可の申請があつた場合において、当該申請に係る開発行為が、次に掲げる基準（第４項及び第５項の条例が定められているときは、当該条例で定める制限を含む。）に適合しており、かつ、その申請の手続がこの法律又はこの法律に基づく命令の規定に違反していないと認めるときは、開発許可をしなければならない。 一～七　（略） 八　主として、自己の居住の用に供する住宅の建築又は住宅以外の建築物若しくは特定工作物で自己の業務の用に供するものの建築又は建設の用に供する目的で行う開発行為以外の開発行為にあつては、開発区域内に建築基準法第39条第１項の災害危険区域、地すべり等防止法（昭和33年法律第30号）第３条第１項の地すべり防止区域、	（開発許可の基準） 第33条　都道府県知事は、開発許可の申請があつた場合において、当該申請に係る開発行為が、次に掲げる基準（第４項及び第５項の条例が定められているときは、当該条例で定める制限を含む。）に適合しており、かつ、その申請の手続がこの法律又はこの法律に基づく命令の規定に違反していないと認めるときは、開発許可をしなければならない。 一～七　（略） 八　主として、自己の居住の用に供する住宅の建築又は住宅以外の建築物若しくは特定工作物で自己の業務の用に供するものの建築又は建設の用に供する目的で行う開発行為以外の開発行為にあつては、開発区域内に建築基準法第39条第１項の災害危険区域、地すべり等防止法（昭和33年法律第30号）第３条第１項の地すべり防止区域、

改　正　後	改　正　前
土砂災害警戒区域等における土砂災害防止対策の推進に関する法律（平成12年法律第57号）第９条第１項の土砂災害特別警戒区域、特定都市河川浸水被害対策法（平成15年法律第77号）第56条第１項の浸水被害防止区域その他政令で定める開発行為を行うのに適当でない区域内の土地を含まないこと。ただし、開発区域及びその周辺の地域の状況等により支障がないと認められるときは、この限りでない。	土砂災害警戒区域等における土砂災害防止対策の推進に関する法律（平成12年法律第57号）第９条第１項の土砂災害特別警戒区域その他政令で定める開発行為を行うのに適当でない区域内の土地を含まないこと。ただし、開発区域及びその周辺の地域の状況等により支障がないと認められるときは、この限りでない。
九～十四　（略）	九～十四　（略）
２～８　（略）	２～８　（略）

○都市再生特別措置法等の一部を改正する法律（令和２年法律第43号）（抄）（附則第17条関係）

（傍線の部分は改正部分）

改　正　後	改　正　前
（都市再生特別措置法の一部改正） **第１条**　都市再生特別措置法（平成14年法律第22号）の一部を次のように改正する。 （略） 第88条に次の一項を加える。 ５　市町村長は、第３項の規定による勧告をした場合において、その勧告を受けた者（建築基準法第39条第１項の災害危険区域、地すべり等防止法（昭和33年法律第30号）第３条第１項の地すべり防止区域、土砂災害警戒区域等における土砂災害防止対策の推進に関する法律（平成12年法律第57号）第９条第１項の土砂災害特別警戒区域、特定都市河川浸水被害対策法（平成15年法律第77号）第56条第１項の浸水被害防止区域その他政令で定める区域に係る第１項又は第２項の規定による届出をした者であって、当該届出に係る行為を業として行うものに限る。）がこれに従わなかったときは、その旨を公表することができる。 （略） （都市計画法の一部改正）	（都市再生特別措置法の一部改正） **第１条**　都市再生特別措置法（平成14年法律第22号）の一部を次のように改正する。 （略） 第88条に次の一項を加える。 ５　市町村長は、第３項の規定による勧告をした場合において、その勧告を受けた者（建築基準法第39条第１項の災害危険区域、地すべり等防止法（昭和33年法律第30号）第３条第１項の地すべり防止区域、土砂災害警戒区域等における土砂災害防止対策の推進に関する法律（平成12年法律第57号）第９条第１項の土砂災害特別警戒区域その他政令で定める区域に係る第１項又は第２項の規定による届出をした者であって、当該届出に係る行為を業として行うものに限る。）がこれに従わなかったときは、その旨を公表することができる。 （略） （都市計画法の一部改正）

改　正　後	改　正　前
第2条　都市計画法（昭和43年法律第100号）の一部を次のように改正する。 （略） 第33条第１項第１号イ中「特定用途制限地域」の下に「、居住環境向上用途誘導地区」を、「第49条の２」の下に「、第60条の２の２第４項」を加え、同項第８号中「又は住宅以外の建築物若しくは特定工作物で自己の業務の用に供するものの建築又は建設」を削り、「、特定都市河川浸水被害対策法」を「及び特定都市河川浸水被害対策法」に改め、「浸水被害防止区域」の下に「（次条第８号の２において「災害危険区域等」という。）」を加える。 （略）	**第2条**　条都市計画法（昭和43年法律第100号）の一部を次のように改正する。 （略） 第33条第１項第１号イ中「特定用途制限地域」の下に「、居住環境向上用途誘導地区」を、「第49条の２」の下に「、第60条の２の２第４項」を加え、同項第８号中「又は住宅以外の建築物若しくは特定工作物で自己の業務の用に供するものの建築又は建設」を削り、「土砂災害特別警戒区域」の下に「（次条第８号の２において「災害危険区域等」という。）」を加える。 （略）

附　則〔令和３年５月10日法律第31号〕

（施行期日）

第１条　この法律は、公布の日から起算して６月を超えない範囲内において政令で定める日から施行する。ただし、次の各号に掲げる規定は、当該各号に定める日から施行する。

一　附則第３条の規定　公布の日

二　第２条の規定、第５条中下水道法第６条第２号の改正規定、同法第７条の２を同法第７条の３とし、同法第７条の次に一条を加える改正規定、同法第25条の13第２号の改正規定（「第７条の２第２項」を「第７条の３第２項」に改める部分に限る。）及び同法第31条の改正規定、第６条の規定（同条中河川法第58条の10に一項を加える改正規定を除く。）、第７条の規定（同条中都市計画法第33条第１項第８号の改正規定を除く。）並びに第８条、第10条及び第11条の規定並びに附則第５条（地方自治法（昭和22年法律第67号）別表第一河川法（昭和39年法律第167号）の項第１号の改正規定に限る。）、第６条、第９条から第12条まで、第14条、第15条及び第18条の規定　公布の日から起算して３月を超えない範囲内において政令で定める日

（特定都市河川浸水被害対策法の一部改正に伴う経過措置）

第２条　この法律の施行の際現に第１条の規定による改正前の特定都市河川浸水被害対策法（次項において「旧特定都市河川法」という。）第32条第１項の規定により指定されている都市洪水想定区域については、当該指定に係る特定都市河川について第３条の規定による改正後の水防法（次項において「新水防法」という。）第14条第１項（第２号に係る部分に限る。）又は第２項（第２号に係る部分に限る。）の規定により洪水浸水想定区域の指定がされるまでの間は、なお従前の例による。

２　この法律の施行の際現に旧特定都市河川法第32条第２項の規定により指定されている都市浸水想定区域については、当該指定に係る特定都市河川流域について新水防法第14条の２第１項（第３号に係る部分に限る。）又は第２項（第３号に係る部分に限る。）の規定により雨水出水浸水想定区域の指定がされるまでの間は、なお従前の例による。

（政令への委任）

第３条　前条に定めるもののほか、この法律の施行に関し必要な経過措置（罰則に関する経過措置を含む。）は、政令で定める。

（参考：都市計画法第33条第１項第８号の改正について）

令和２年及び令和３年の改正により、都市計画法第33条第１項第８号は次のとおり順次施行される。

■本年秋頃施行予定

○都市計画法（昭和43年法律第100号）（抄）

改　　正 （Ｒ３改正法公布から６か月以内に施行）	現　　行
（開発許可の基準）	（開発許可の基準）
第33条　都道府県知事は、開発許可の申請があつた場合において、当該申請に係る開発行為が、次に掲げる基準（第４項及び第５項の条例が定められているときは、当該条例で定める制限を含む。）に適合しており、かつ、その申請の手続がこの法律又はこの法律に基づく命令の規定に違反していないと認めるときは、開発許可をしなければならない。	第33条　都道府県知事は、開発許可の申請があつた場合において、当該申請に係る開発行為が、次に掲げる基準（第４項及び第５項の条例が定められているときは、当該条例で定める制限を含む。）に適合しており、かつ、その申請の手続がこの法律又はこの法律に基づく命令の規定に違反していないと認めるときは、開発許可をしなければならない。
一～七　（略）	一～七　（略）
八　主として、自己の居住の用に供する住宅の建築又は住宅以外の建築物若しくは特定工作物で自己の業務の用に供するものの建築又は建設の用に供する目的で行う開発行為以外の開発行為にあつては、開発区域内に建築基準法第39条第１項の災害危険区域、地すべり等防止法（昭和33年法律第30号）第３条第１項の地すべり防止区域、土砂災害警戒区域等における土砂災害防止対策の推進に関する法律	八　主として、自己の居住の用に供する住宅の建築又は住宅以外の建築物若しくは特定工作物で自己の業務の用に供するものの建築又は建設の用に供する目的で行う開発行為以外の開発行為にあつては、開発区域内に建築基準法第39条第１項の災害危険区域、地すべり等防止法（昭和33年法律第30号）第３条第１項の地すべり防止区域、土砂災害警戒区域等における土砂災害防止対策の推進に関する法律

改　　正 （R３改正法公布から６か月以内に施行）	現　　行
（平成12年法律第57号）第９条第１項の土砂災害特別警戒区域、特定都市河川浸水被害対策法（平成15年法律第77号）第56条第１項の浸水被害防止区域その他政令で定める開発行為を行うのに適当でない区域内の土地を含まないこと。ただし、開発区域及びその周辺の地域の状況等により支障がないと認められるときは、この限りでない。	（平成12年法律第57号）第９条第１項の土砂災害特別警戒区域その他政令で定める開発行為を行うのに適当でない区域内の土地を含まないこと。ただし、開発区域及びその周辺の地域の状況等により支障がないと認められるときは、この限りでない。
九～十四　（略）	九～十四　（略）
２～８　（略）	２～８　（略）

■令和４年４月１日施行予定

○都市計画法（昭和43年法律第100号）（抄）

改　正 （令和４年４月１日施行予定）	改　正 （Ｒ３改正法公布から６か月以内に施行）
（開発許可の基準） 第33条　都道府県知事は、開発許可の申請があつた場合において、当該申請に係る開発行為が、次に掲げる基準（第４項及び第５項の条例が定められているときは、当該条例で定める制限を含む。）に適合しており、かつ、その申請の手続がこの法律又はこの法律に基づく命令の規定に違反していないと認めるときは、開発許可をしなければならない。 一～七　（略） 八　主として、自己の居住の用に供する住宅の建築の用に供する目的で行う開発行為以外の開発行為にあつては、開発区域内に建築基準法第39条第１項の災害危険区域、地すべり等防止法（昭和33年法律第30号）第３条第１項の地すべり防止区域、土砂災害警戒区域等における土砂災害防止対策の推進に関する法律（平成12年法律第57号）第９条第１項の土砂災害特別警戒区域及び特定都市河川浸水被害対策法（平成15年法律第77号）第56条第１項の浸水被害防止区域（次条第８号の２において「災害危険区域等」という。）その他政	（開発許可の基準） 第33条　都道府県知事は、開発許可の申請があつた場合において、当該申請に係る開発行為が、次に掲げる基準（第４項及び第５項の条例が定められているときは、当該条例で定める制限を含む。）に適合しており、かつ、その申請の手続がこの法律又はこの法律に基づく命令の規定に違反していないと認めるときは、開発許可をしなければならない。 一～七　（略） 八　主として、自己の居住の用に供する住宅の建築又は住宅以外の建築物若しくは特定工作物で自己の業務の用に供するものの建築又は建設の用に供する目的で行う開発行為以外の開発行為にあつては、開発区域内に建築基準法第39条第１項の災害危険区域、地すべり等防止法（昭和33年法律第30号）第３条第１項の地すべり防止区域、土砂災害警戒区域等における土砂災害防止対策の推進に関する法律（平成12年法律第57号）第９条第１項の土砂災害特別警戒区域、特定都市河川浸水被害対策法（平成15年法律第77号）第56条第１項の

改　　正 （令和４年４月１日施行予定）	改　　正 （R３改正法公布から６か月以内に施行）
令で定める開発行為を行うのに適当でない区域内の土地を含まないこと。ただし、開発区域及びその周辺の地域の状況等により支障がないと認められるときは、この限りでない。	浸水被害防止区域その他政令で定める開発行為を行うのに適当でない区域内の土地を含まないこと。ただし、開発区域及びその周辺の地域の状況等により支障がないと認められるときは、この限りでない。
九～十四　（略）	九～十四　（略）
２～８　（略）	２～８　（略）

7　都市計画基本問題小委員会中間とりまとめ

都市計画基本問題小委員会中間とりまとめ概要
～安全で豊かな生活を支えるコンパクトなまちづくりの更なる推進を目指して～

国土交通省

<中間とりまとめのポイント>

○　コンパクトシティの多岐にわたる意義等をわかりやすく再整理し、住民・行政等で共有。
○　まちなか等の魅力の向上、市街地の拡散の抑制を車の両輪として各々の取組を強化。
○　分野や市町村域を超えた連携を進め、コンパクトシティを効果的に推進。新たに防災対策との連携強化も開始。

コンパクトシティの意義等を改めてわかりやすく整理・共有すること（中間とりまとめ１）

○　コンパクトシティの意義は、生活サービスの維持、域内投資・消費の持続的確保、生産性向上、健康増進、財政健全化、環境保全、防災力強化など多岐にわたるもの。その価値観・ビジョンをわかりやすく整理し、住民、民間事業者、行政で共有。
○　今後のまちの見通し、実施すべき政策等の可視化や効果の把握、わかりやすい形での発信により、住民等の理解を促進。

立地適正化計画の制度・運用を不断に改善し、実効性を高めること（中間とりまとめ２）

○　客観的なデータ等に基づき、目標値や居住誘導区域の範囲を適切に設定し、住民へのアカウンタビリティを確保。
○　居住誘導区域において、日常生活に必要な病院等の適切な立地を促進する等により、その魅力を向上。

居住誘導区域外に目配りすること（中間とりまとめ４）

○　あるべき将来像を構築し、住民と共有。
○　新たなライフスタイルなど多様なニーズを取り入れた地域づくりを促進。
○　空き地等の発生による居住環境の悪化等を経過措置的に防止する仕組みを整備。
○　地域特性に応じよりきめ細やかに緑地や農地の保全に活用できる仕組みも検討。

市街地の拡散を抑制すること（中間とりまとめ５）

○　11号条例等について、廃止や開発許容区域の限定、地区計画の活用など、コンパクトシティや開発許可制度の趣旨に則った運用に適正化。

分野や市町村域を超えた連携を進めること（中間とりまとめ３）

○　総合的なまちづくりのビジョン、様々な分野の政策の推進基盤として、関連する計画や政策分野（公共交通、住宅、健康・医療等）との連携を強化。
○　市町村の単位を超えた広域連携を促進する仕組みを整備。
○　小規模市町村に対し、都市圏全体のコンパクトシティ政策への協力の働きかけや人的支援等を実施。

立地適正化計画等と防災対策を連携させること（中間とりまとめ６）

○　災害リスク評価の環境整備等により、土砂災害特別警戒区域等の居住誘導区域からの除外を徹底。
○　防災部局と連携し、居住誘導区域の内・外で、地域特性に応じた安全確保対策や優先順位の考え方等を立地適正化計画へ位置付け。
○　ハザードエリアから居住誘導区域への自主的な移転を支援。
○　災害リスク情報の提供等により、不特定多数の者が利用する自己業務用建築物等の開発を抑制。

○都市計画基本問題小委員会中間とりまとめ

～安全で豊かな生活を支えるコンパクトなまちづくりの更なる推進を目指して～

〔令和元年（2019年）７月
都市計画基本問題小委員会〕

目　　次

⑶　居住誘導区域の設定と連携した安全確保対策
⑷　リスクコミュニケーションの充実
⑸　災害発生前のハザードエリアからの移転
⑹　土砂災害特別警戒区域等における開発許可のあり方

更なる検討課題

【参考】

１．都市計画基本問題小委員会のこれまでの審議経緯

２．立地適正化計画の策定、制度活用状況等

３．開発許可制度の運用状況

はじめに

平成26年（2014年）の改正都市再生特別措置法の施行により、立地適正化計画制度が創設され、コンパクトシティの取組が本格化してから、令和元年（2019年）で５年を迎える。この間、468都市で立地適正化計画について具体的な取組が行われ、このうち、250都市で立地適正化計画が作成・公表されている。計画に基づく具体的な施策や事業も開始されており、他のモデルとなる取組事例も出てきている。

もとより、コンパクトシティは持続可能なまちづくりを目的に時間をかけて都市の体質改善を図るものであり、制度創設から５年間での都市における変化をもってコンパクトシティの施策効果を本格的に分析することについては、一定の限界があることは事実である。

しかしながら、この５年間の地方公共団体及び国における取組を検証した結果、地方公共団体においては現在の取組に改善の余地がある事項、国においては地方公共団体の取組に向けた更なる取組や環境整備を図る必要がある事項があるとの結論に至った。

また、昨今の自然災害の頻発・激甚化を踏まえ、災害リスクを勘案した安全でコンパクトなまちづくりについても更なる取組が求められている。

本提言は、このような状況を踏まえ、コンパクトシティ政策を次のステージに進めるため、現時点で見えてきた課題に対応し、チューンアップを図るための施策を提言するものである。

１．コンパクトシティの意義等を改めてわかりやすく整理・共有すること

○　コンパクトシティの意義は、まちを単に縮小しようとするものではなく、人口減少等を契機に、まちなかや拠点の価値を高め、より豊かな生活の実現を目指すものであることを改めてわかりやすく整理し、住民、民間事業者、地方公共団体、国の間で共有すべき。
○　その際、公共交通はもちろん、住宅、健康・医療、産業振興、防災、環境など、様々な政策分野と連携する形で政策を立案し、住民等にパッケージで説明すべき。また、これらの分野も含めて、政策の効果の把握・発信を継続的かつ効果的に行うべき。

⑴　コンパクトシティの意義

○　コンパクトシティについては、５年間にわたる取組を通じて一定の理解が進んではいるが、一極集中を目指すものとの誤解や、誘導区域外の住民は切り捨てられるのではないかとの不安の声などが取組のネックとなっている。

○　このため、これまでの取組状況や情勢の変化等を踏まえ、コンパクトシティの意義を改めてわかりやすく整理し、住民、民間事業者、地方公共団体、国の間で価値観・ビジョンを共有することにより、取組の更なる充実とスピードアップを図ることが重要である。

①　コンパクトシティは、人口の急増と都市流入の時代から、人口減少の時代に移行する中で、人口密度の維持により、住民生活、都市活動、都市経営等の面で持続可能なまちづくりを実現することを目的に、ある程度の時間をかけて都市の体質改善を図るとともに、地域固有の価値を活かしたより豊かな暮らしの実現を目指すものであること

②　立地適正化計画は、これら人口減少や高齢化等の課題に正面から向き合い、今後のまちづくりの方向性を示すものとして、行政、住民双方にとって重要なものであること

③　今後のまちづくりにおいては、以下の課題等への対応が求められること

・　一定の人口密度がないと持続困難な医療・福祉・商業等の各種都市機能や公共交通サービスを維持し、住民生活を守ること
・　人口減少に伴い消費の縮小が見込まれる中で、地域で一定の消費やそれを見込んだ投資が継続的に行われる持続可能な経済構造を構築すること
・　働き手が減少する中で高齢社会を支える強い経済を維持するため、地域における生産性の向上を図ること

・　高齢化の進展に伴い、健康寿命を延伸し、社会の担い手の維持と人生100年時代における豊かで充実した生活を実現するため、健康増進に資するまちづくりを実現すること

④　このため、コンパクト・プラス・ネットワークの理念の下、

・　既存のストックを最大限活用し、まちなかや拠点への都市機能の誘導や居住人口の維持、さらには多様な人々によるにぎわいの創出等を図るため、住民、民間事業者、地方公共団体、国が広く連携し、スポンジ化対策や多様な人々が集い交流する空間づくり等を進めることにより、これらの地区の価値を高めるとともに、

・　周辺部にあっては、これ以上の市街地の拡散を抑止しつつ、多様なライフスタイルに対応したゆとりある都市生活の場等として地域づくりを進める

ものであること（まちを単に縮小しようとするものではないこと）

⑤　これらの取組により、一定の人口密度に支えられた各種都市機能や公共交通等が維持されることは、まちなかだけでなく、周辺部の住民にとってもメリットがあるものであること（まちなかの住民のためだけの施策ではないこと）

⑥　また、住民生活や経済活動だけでなく、地方公共団体の財政や環境、防災などの面でも持続可能なまちづくりの実現につながるものであること

⑵　コンパクトシティへの理解促進

○　コンパクトシティへの理解を進めるため、今後のまちの見通しとあるべき将来像、その実現に必要な各分野にわたる政策の内容やその効果等を意識的に可視化するとともに、住民生活に浸透するようにメッセージの発信方法等を工夫し、住民等と共有・意見交換を行うことが必要である。

具体的な行動を促すに当たっては、社会にとって及び中長期的観点から本人にとっても望ましい選択肢が選ばれるよう、無意識的に行為者の様々なバイアスを抑制する仕組みを構築するナッジ型の手法も考えられ、こうした意識的・無意識的双方の面から取り組むことが有効である。

また、地方公共団体内部においても、今後のまちの見通し等を踏まえたコンパクトシティの意義・必要性を共有することが必要である。

○　コンパクトシティの効果を具体的に把握・発信することも、住民の理解を得る上で極めて重要である。

その際、地価や商業動向などの地域経済活動に関する指標、歩行量等の健康に関する指標、歩行者通行量などのまちの賑わいに関する指標など、住民の日常生

活に直結し住民が実感しやすい指標や住民の関心事項につながる指標等により、短期・長期双方の観点から継続的に把握・発信することが重要なポイントとなる。

なお、地価や商業動向などの指標は、経済情勢に大きく左右されるため、コンパクトシティの取組の効果であるかどうかも含めて、全体の趨勢の中で相対的に検証することが重要である。

２．立地適正化計画の制度・運用を不断に改善し、実効性を高めること

○　現状や将来の見通しに関する各種データをできるだけリアルタイムに収集し、地区別にきめ細やかに分析することで、計画の必要性・妥当性等についてアカウンタビリティを果たすべき。
○　住民に分かりやすく客観的なデータに裏打ちされた目標値の設定や、将来趨勢人口等に基づき都市全体と地区レベルの双方の観点を勘案して適切に絞り込まれた居住誘導区域の設定を徹底すべき。
○　居住誘導区域の実効性を高めるため、様々なインセンティブ措置の検討や同区域内における生活環境の向上等に取り組むべき。

⑴　EBPM（注）に基づく計画の策定

○　立地適正化計画の作成に当たり、居住誘導区域の設定に必要な地区別データの分析、地価等の施策効果の検討に必要なデータ分析等を十分に行っていない市町村が見受けられる。

○　コンパクトシティを進めていくためには、住民一人一人に状況を十分に理解してもらい、取組への協力や行動変容等につなげていくことが重要であり、計画の必要性や妥当性について定量的かつ客観的に住民等に提示し、理解を得ることが不可欠である。

○　このため、計画の策定に当たっては、生活利便性、都市経済等の持続可能性や財政等の観点から、都市の現状及び将来見通しについて、人口・世帯、都市機能、インフラ、住宅、経済・財政、交通、防災等に関する各種データをできるだけリアルタイム性の高い形で収集し、地域メッシュ統計等の小地域データも活用しつつ、地区別にきめ細やかに分析した上で、わかりやすい市街地像などの形で示すなど、計画の必要性や妥当性等についてアカウンタビリティを果たすことが必要である。

○　なお、一部の市町村においては、データ収集・分析等の体制が十分でないこと、多様なデータの利用環境に追い付けないこと等の理由により、十分なデータ分析が行われていない計画も見られる。

　国は、都市構造を「見える化」して課題の認識や解決を容易にするツールの活用促進、ツールで利用できるデータの充実・標準化など、地域メッシュ統計等の小地域データの動向をきめ細やかに示すための環境整備を進めるとともに、計画策定に当たってのデータ利活用の考え方を示すべきである。

注：エビデンス・ベースト・ポリシー・メイキング。具体的データに基づく政策

立案。

⑵　目標値の適切な設定

○　立地適正化計画の目標値の設定については、基幹的な指標である人口密度及び公共交通の利用状況に関する目標についてもなお設定率が低いほか、地価、健康、賑わい等の住民が実感できる目標の設定率が低水準に留まっている状況にある。

○　目標値については、立地適正化計画に基づくコンパクトなまちづくりの全体像や施策効果を住民に分かりやすく示す観点から、本計画のベースとなる人口密度や公共交通の利用状況に関する目標はもちろん、地価や歩行量など住民が実感しやすい目標についても設定することが有効である。

○　なお、楽観的な見通しに基づき現実にそぐわない高い水準の目標値を設定すると、計画の信頼性・妥当性が揺らぐばかりか、住民の行動や行政・経済に混乱を招くおそれもあることから、趨勢人口をはじめ客観的なデータに基づき根拠が説明できる目標値の設定を徹底すべきである。

その際、趨勢人口が低下傾向にあることから、右肩上がりの目標だけではなく、低下を抑えるという形の目標設定も考慮するなど、全体趨勢の中で、計画の策定・実施による効果を相対的に検証できるようにすることが求められる。

⑶　居住誘導区域の適切な設定

○　居住誘導区域の設定面積については、市街化の状況や人口密度等の要素を加味する必要があるため、市街化区域等の面積との比率で一律に評価することはできないが、現状及び将来の人口密度を勘案すると大きめと思われる都市が少なからず見受けられる。

また、同区域の設定に当たっての考慮事項については、公共交通の利便性、都市機能施設の集積状況に偏り、基盤の整備状況、現状における地区人口密度があまり考慮されていない傾向が見られる。

○　居住誘導区域は、立地適正化計画の中核をなす計画事項であり、都市経済、都市経営などの都市全体の観点と、災害リスク、生活利便性、居住環境などの地区レベルの観点の双方を勘案し、一定の変動要因も加味しつつ、適切な範囲を設定することが必要である。

○　具体的には、現状及び将来における人口動態（世代ごとの居住動向も含む。）、土地利用、都市インフラの整備状況、災害リスク、住宅や都市機能の集積状況、将来における公共交通の利便性等を総合的に勘案し、都市の状況に応じた適切な絞り込みが行われるようにすべきである。

また、居住誘導区域の将来目標人口については、当該区域における将来趨勢人口に対し政策効果による一定の上乗せを行うことが一般的であるが、過度な上乗せとならないよう留意すべきである。

その際、小さな地区単位での目標と居住誘導区域全体の目標が整合することも求められる。

○　国は、適正な区域設定の徹底に向け、地形上の制約等から特殊な都市構造となっている都市について取組の方向性や事例等を示すことも含め、技術的な支援を積極的に行うべきである。

⑷　居住誘導区域の魅力向上

○　居住誘導区域については、市町村が中心となって、実効性のある居住誘導策を実施することが重要であるが、国としても、都市施設の整備等における選択と集中など、居住誘導区域に居住を誘導するための財政・税制など様々なインセンティブ措置を検討することが必要である。

○　また、居住誘導区域において、人口密度の維持を図るため、日常生活に必要な病院や小売店舗等の適切な立地を推進し、地域特性を踏まえつつ、当該区域の生活環境の向上につなげていくことが重要である。

○　さらに、これらの施策を通じて居住誘導区域内での良好な生活環境の実現を目指す事例を国がモデルとして示す等により、施策の周知・普及を図ることが望ましい。

⑸　運用実態の継続的な把握と不断の改善

○　以上に示したような立地適正化計画のあるべき姿を踏まえ、既に立地適正化計画を作成した市町村においても適切な時期に見直しを図ることが望ましい。

○　また、立地適正化計画やその他の都市計画に関する制度については、例えば跡地等管理協定のように、制度創設時の想定どおりに活用されていないものや十分な効果が発揮できていないものも見受けられる。

○　国は、立地適正化計画の作成・見直しについて市町村への支援を引き続き行うほか、制度の活用状況や効果、制度と運用実態の乖離等の状況について継続的に把握・検証し、その結果等について必要な情報発信を行うとともに、制度・運用の改善に向けた不断の検討を行っていくことが必要である。

３．分野や市町村域を超えた連携を進めること

○　立地適正化計画は、コンパクトシティを土台として地域の様々な課題を解決するための総合的なまちづくりのビジョンであり、関連する計画や様々な分野の政策との連携等を強化すべき。
○　コンパクトシティの効果を高める上で広域連携による取組は重要であり、国は、都道府県の役割の重要性も考慮の上、適切な広域連携を促進する仕組みづくり等により取組を促進していくべき。
○　小規模市町村に対し、近隣市町村との連携強化やノウハウ支援などを通じた持続可能なまちづくりを促進すべき。

(1)　関連計画・他の政策分野との連携

○　立地適正化計画は、まちを単に縮小しようとするものではなく、コンパクトシティを土台として、それぞれの地域が抱える様々な課題を解決し、より安全で豊かな生活の実現を目指すものであり、総合的なまちづくりのビジョンとして、様々な分野の政策を横断的に推進する基盤となることが求められる。

○　このため、立地適正化計画は、都市計画（マスタープラン、施設整備等の事業、用途地域等に基づく土地利用規制）との連携や、コンパクト・プラス・ネットワークの両輪となる地域公共交通網形成計画との一体的な検討・作成はもちろん、公共交通、住宅、健康・医療・福祉、商業・産業、防災など、様々な分野との政策連携を強化していくことが必要である。

　また、PPP／PFI の活用をはじめ、民間事業者と連携した取組も重要である。

○　国においては、既にモデル都市としてこのような政策連携の優良事例を示し、周知・普及を進めているが、関係府省・部局との連携を一層進めるとともに、今後の市町村の取組を注視し、地域のニーズに応じた政策連携を推進すべきである。

(2)　市町村域を超えた連携

○　コンパクトシティの効果を高めるためには、同一都市圏を形成する市町村が広域に連携し、効率的な施設配置や、統一的な方針に基づく市街化抑制、災害への対応等に取り組むことが重要である。

○　すでに近隣市町村による広域連携の事例も出てきているが、こうした取組を更に広げてコンパクトシティの効果の向上や広域での全体最適化を図るべきである。

その際、災害リスクを踏まえた広域まちづくりや農地の保全などの分野では、都道府県が積極的に関与していくことも必要である。

○　国は、広域連携の強化に向けて、既存の近隣市町村による枠組も活用しながら、立地適正化計画の作成・見直しの検討段階から、近隣市町村が、都道府県も適宜交えた形で、データを活用した協議や共同方針の作成などの取組が適切に行われるよう、広域連携を促進する仕組みづくりを含め、必要な支援を行うことが求められる。

その際、広域連携の結果、市町村の中間地点の市街化調整区域に施設が立地するといったことにならないよう、適正な連携を地方公共団体に促すことも重要である。

⑶　小規模市町村における持続可能なまちづくりに向けた連携

○　一部の小規模市町村においては、そもそも誘導区域の設定が困難であるなど、直ちに立地適正化計画に基づくコンパクトなまちづくりに取り組むことがなじまない場合がある。

○　また、一部の小規模市町村で市街地の拡散の抑制等の取組が十分に行われず、隣接又は近接する地方中核都市等におけるコンパクトシティの取組に支障を及ぼしている事例が見られる。

○　このため、国及び都道府県は、これらの小規模市町村に対し、都市圏全体を考えたコンパクトシティへの協力を働きかけるとともに、近隣都市との連携の強化など、これらの小規模市町村にも適合した持続可能なまちづくりの方向性を示していくべきである。

○　また、これらの市町村においては取組に携わる人材や専門的ノウハウが不足している場合もあることから、その充実を図るとともに、国や都道府県が引き続き技術的支援を行うことが重要である。

４．居住誘導区域外に目配りすること

○　住民の理解を得ながらコンパクトシティを円滑に進めるため、居住誘導区域外の区域の将来像を構築し、住民との共有に努めるべき。
○　居住誘導区域外の区域の多様性を踏まえつつ、様々なニーズを取り入れた地域づくりを国も支援すべき。
○　居住誘導区域外の区域における緑地や農地の取扱いについては、都市全体でのみどりのあり方やグリーンインフラ等の位置づけの中で検討すべき。
○　居住誘導区域外の区域で、空き地等の発生による居住環境の悪化等の外部不経済を経過措置的に防止する仕組みを整えるべき。
○　緑地・農地の適切な保全に向け、関係制度の積極活用やきめ細やかに活用できる仕組みの検討を行うべき。

(1)　居住誘導区域外のあるべき将来像の提示

○　住民の理解・協力を広く得ながらコンパクトシティを円滑に進めていくためには、居住誘導区域の内・外の両方のあり方を検討することが有効である。

特に居住誘導区域外の区域については、居住誘導区域の外という消極的なとらえ方ではなく、当該区域の地域特性等を十分に考慮し、あるべき将来像を構築して、住民との価値観・ビジョンの共有に努めるべきである。

このような取組は、都市全体での様々な居住・活動へのニーズを踏まえた中で、人口密度の維持を目指す居住空間としての居住誘導区域の適切な設定にも資するものと考えられる。

○　居住誘導区域外の区域は、インフラ整備等が不十分で空き地に雑草が繁茂するなど管理状態も悪い地域から、比較的基盤整備がなされ良好な住環境を形成している地域まで様々であるが、人口減少下において、人口密度にこだわらず、良好な自然環境に囲まれた豊かな生活など、新たなワークスタイル・ライフスタイルを実現する場ともなりうる地域であることから、これらのニーズを取り入れた地域づくりが円滑に進むよう、国としても必要な支援を行うことが重要である。

○　居住誘導区域外の区域を緑地や農地にしていく場合についても、居住誘導区域外の区域だから「みどり」の場ととらえるのではなく、居住誘導区域内を含めた都市全体におけるみどりのあり方や、グリーンインフラ等としての位置づけの中で、緑地や農地としての保全・活用を考えていくべきである。

その意味で、立地適正化計画と緑の基本計画（都市緑地法に基づく緑地の保全及び緑化の推進に関する基本計画等）との連携も重要である。

⑵　空き地・空き家の発生等への対応

○　特に居住誘導区域外の一部の区域においては、住宅等の跡地など、面的ではなく個々に空き地等が発生して居住環境の悪化などの外部不経済が発生する可能性があり、このような外部不経済を経過措置的に防止するため、空き地等が適切に利用・管理される仕組みを整えることが必要である。

○　現在人口減少が進み空き地等が発生している地域等において、空き地の菜園等としての利用を進めている事例や、敷地統合（２戸１化）によりゆとりある住環境を形成している事例が見られる。

　こうした地域では、地方公共団体だけでなく、地域団体や住民が主体となって利用・管理のためのマッチングが図られているケースも多く、これら様々な者を利用・管理の主体ととらえ、行政がその活動の支援や地域における合意形成も含めコーディネート役を果たすような取組とともに、住民等が主体的に提案できる仕組みづくりを進めることが重要である。

○　国においても、このような取組の制度的な後押しを検討すべきである。

⑶　緑地・農地の適切な保全

○　緑の基本計画との連携のもと、現存する緑地や農地を適切に保全することは、市街地の拡散や管理放棄地化の抑止につながり、居住誘導区域外の区域における環境保全に資するものである。

○　都市における農地保全の仕組みとして生産緑地制度があるが、地方の導入事例はなお少ない状況にある。

　また、平成29年度（2017年）に創設された田園住居地域制度も、農地と住環境の保全の両立に資するものである。

○　国は、このような緑地や農地の保全につながる制度の活用を引き続き積極的に促進するとともに、地域特性に応じてよりきめ細やかに活用できる仕組みについても検討すべきである。

５．市街地の拡散を抑制すること

○　コンパクトシティを進めるに当たっては、市街地の拡散を抑制することが極めて重要。
○　一方、現状では、都市計画法第34条第11号に基づく条例（11号条例）等について、法の趣旨やコンパクトシティの理念に反する運用等により、市街地の拡散が進行。
○　地方公共団体は、11号条例の廃止や開発許容区域の限定、地区計画の活用など、コンパクトシティや開発許可制度の趣旨等に則った運用の適正化を図るべき。
○　国は、運用指針の見直し等により運用適正化の取組を強化すべき。

⑴　関係制度の運用等の現状

○　コンパクトシティを進めるに当たっては、市街地の拡散を抑制することが極めて重要であるが、現状では、立地適正化計画の策定等によりコンパクトシティの取組を進める一方で、市街化調整区域において市街化区域との一体性、既存の開発状況や立地適正化計画との関係等を考慮せずに開発を許容し、居住誘導区域への居住誘導に支障を及ぼしかねない市町村も見られることは大きな問題である。

○　中でも、都市計画法第34条第11号に基づく条例（11号条例）等について、法の趣旨やコンパクトシティの理念に反した運用等により、市街化調整区域における開発が進行していることは看過できない。

・　11号条例を制定している地方公共団体（市街化調整区域を有する開発許可権者の約半数が当該条例を制定）に調査したところ、３割弱の地方公共団体から「にじみ出し的な開発」を認めていると回答があった。

・　11号条例の対象区域の指定方法としては文言指定や図面指定があるが、文言指定については、区域が特定されず、50戸以上の建築物が連たんする地域の外側に順次開発が広がりかねないケースが見られる。

　また、図面指定についても、対象範囲が広範囲に及び、中には、市街化調整区域全域が対象範囲として指定されているケースも見られる。

⑵　11号条例等の運用の適正化

○　⑴で記載した11号条例の運用状況を早急に改善し、法の趣旨に沿って、３要件（※）に則った厳格な運用とすべきである。

※11号条例は、市街化調整区域であっても、①市街化区域に隣接・近接してい

る地域、②市街化区域と一体的日常生活圏を構成している地域、③概ね50戸以上の建築物が連たんする地域、との条件を満たす地域について、条例で区域・用途を指定することにより、開発許可を可能とするもの。

○　また、都市計画法に基づく開発許可制度及びコンパクトシティの趣旨等を踏まえ、11号条例を廃止したり、対象範囲を改めて限定したりする地方公共団体や、11号条例に代えて市街化調整区域における地区計画を導入し、計画的な開発コントロールに取り組む地方公共団体も出てきている。

地方公共団体においては、これらの事例も参考にして、非線引き都市計画区域との規制のバランスや既存集落の取扱い等も考慮しつつ、こうした取組について検討していくべきである。

○　11号条例等の不適切な運用については、司法を通じて是正されることが極めて少ないため、その適正化に当たって国が果たすべき役割は大きい。開発許可に係る運用指針の見直しや地方公共団体による是正事例の周知・普及等を通じて運用適正化の取組を強化すべきである。

○　なお、コンパクトシティの取組が進められる一方で、インフラ整備が一定程度進展し市街地の拡散が懸念される要素もあることから、今後は、公共交通や道路等のネットワークの維持や、世帯分離した世代の居住動向なども踏まえて、市街地の範囲を適切にコントロールしていくことが重要である。

６．立地適正化計画等と防災対策を連携させること

○　自然災害の頻発・激甚化を踏まえ、防災対策と連携し、安全な都市の形成への取組を強化すべき。
○　国は、居住誘導区域におけるハザードエリアの取扱いの明確化、災害リスク評価の環境整備や対応を強く促すこと等により、土砂災害特別警戒区域等の居住誘導区域からの除外を徹底すべき。
○　防災部局と連携し、居住誘導区域の内と外で、地域特性に応じた安全確保対策のあり方や優先順位の考え方等を立地適正化計画にあらかじめ位置づけておくべき。
○　ハザードエリアでは、多様な主体・手法を通じた、住民との丁寧なリスクコミュニケーションを図るべき。
○　住民の選択肢を広げるため、居住誘導区域への自主的な移転の誘導・支援に取り組むべき。
○　不特定多数の者が利用する自己業務用建築物等については、災害リスク情報の提供等により、開発の抑制に取り組むべき。

⑴　立地適正化計画と防災対策の連携の必要性

○　平成30年（2018年）の７月豪雨をはじめ、昨今、自然災害が頻発・激甚化しており、広範囲にわたる土砂災害・浸水等により、多くの人的被害も発生しているところである。
○　このため、まちづくりにおいても、土砂災害特別警戒区域、浸水想定区域など災害のおそれがあるとして指定等がなされている区域（ハザードエリア）における居住や施設立地等の土地利用のあり方をはじめ、安全な都市の形成への取組の強化が求められている。
○　また、立地適正化計画についても、居住誘導区域とハザードエリアの取組の整合性の確保や、防災対策との連携のあり方が問われている。
○　都市計画と防災対策とでは、時間軸、対象、対策手法等の面で違いもあるが、その点を十分に考慮しつつ、災害に対する住民の安全を確保するため、連携を強化していくことが重要である。

⑵　ハザードエリアを踏まえた居住誘導区域の設定

○　居住誘導区域の設定については、法令上、災害危険区域のうち住宅の建築が禁止されている区域での設定は禁止されている。

また、それ以外のハザードエリアについては、都市計画運用指針（技術的助

言）において、

・土砂災害特別警戒区域等（レッドゾーン）（注１）については、「原則として含まないこととすべき」

・土砂災害警戒区域等（イエローゾーン）（注２）及び浸水想定区域等（注３）（以下「イエローゾーン等」という。）については、「総合的に勘案し、適当ではないと判断される場合は、原則として含まないこととすべき」

とされている。

注１：土砂災害特別警戒区域、津波災害特別警戒区域、災害危険区域（建築基準法第39条第２項に基づく条例により住居の用に供する建築物の建築が禁止されている区域を除く）、地すべり防止区域、急傾斜地崩壊危険区域

注２：土砂災害警戒区域、津波災害警戒区域

注３：浸水想定区域、都市洪水想定区域、都市浸水想定区域、基礎調査等により判明した災害の発生のおそれのある区域

○　このうち、レッドゾーンについては、居住誘導区域に含めている都市が一部存在している。

含めている理由としては、①レッドゾーンの区域が小規模で中抜きができない、②居住誘導区域設定の直前・直後にレッドゾーンに指定されたため対応できなかった、③レッドゾーンに係る防災対策により区域指定が解消される見込みがある、等が挙げられているが、少なくとも①②は住民等への説明責任を果たし得る理由とは考えにくく、早急に居住誘導区域から除外すべきである。

○　また、イエローゾーン等については、居住誘導区域に含めている割合が比較的高く、例えば、浸水想定区域は、市街地の広範囲が当該区域となっているとの事情から、約９割の都市で居住誘導区域に含められている。

含めている理由としては、①防災対策を講じて安全性の確保が図られている（対策を検討している）、②今後の都市拠点・地区拠点となる重要な区域である、③居住誘導区域設定の直前・直後にイエローゾーン等に指定されたため対応できなかった、等が挙げられているが、少なくとも③は住民等への説明責任を果たし得る理由とは考えにくく、居住を誘導することが適当ではないと判断される場合は、早急に居住誘導区域から除外すべきである。

また、②はまちづくりの観点から考慮しなければならない側面がある一方、必要な防災対策が伴っていなければ居住誘導区域に設定したことと整合せず、①も必要な防災対策が具体的に示されていることが必要である。

○　このような状況を踏まえ、国は、市町村において居住誘導区域設定の判断が適

切に行われるよう、居住誘導区域の設定におけるハザードエリアの取扱いについて、その考え方を明らかにするとともに、災害の種類・特性（発生頻度・避難時間を含む）に応じて、できるだけ丁寧な災害リスク評価が行われるよう環境整備を図ることが必要である。

また、すでに国から通知も発出されているが、土砂災害特別警戒区域など居住を誘導することが適切ではないエリアの居住誘導区域からの除外を徹底するため、地方公共団体に対応を強く促すべきである。

○　居住誘導区域の設定におけるハザードエリアの取扱いについての考え方のうち、

・　イエローゾーン等の取扱いについては、居住誘導区域に含めないことが望ましいとの前提の下で慎重に検討を行うとともに、それでも含める場合には、既成の市街地の状況、居住環境、地域固有の価値など、その地域を将来にわたって居住を誘導する地域とする政策的判断の理由や、防災対策の状況、今後の取組等も含めた考え方について、防災部局とも連携し、市町村がしっかりと説明責任を果たすことが求められる。

・　また、必要な防災対策が実施されれば居住誘導区域に含めることが可能なエリアについては、これらの条件が満たされた時点で居住誘導区域とする区域として位置付けることも考えられる。

なお、現状では除外すべきハザードエリアが除かれていない居住誘導区域の見直しはもとより、ハザードエリアの追加や対策の実施等による見直しがあった場合には、必要に応じて居住誘導区域の見直しも進めていくべきである。

(3)　居住誘導区域の設定と連携した安全確保対策

○　コンパクトシティを進める上で、都市の安全性の確保は極めて重要な要素であることから、居住誘導区域の内と外それぞれで、ハザードエリアに係る各種制度の活用による土地利用の抑制も含め、治水・土砂災害対策や、被災した場合の避難、応急対策、復旧・復興対策など、地域特性に応じた安全確保対策のあり方や優先順位の考え方等について、防災部局と連携し、共有することが重要である。これらについて、立地適正化計画にあらかじめ位置づけておくことも必要である。

その際、人口密度等の状況を踏まえ、必要な治水・土砂災害対策等に加え、万が一に備えて民間施設も活用した避難対策などの安全対策を促進することも有効である。

なお、災害の種類によって、立地適正化計画を通じた対策が有効なものとそうでないものとがあるため、立地適正化計画への記載に当たっては、災害の種類に応じた対策の手法を検討することが必要である。

⑷　リスクコミュニケーションの充実

○　ハザードエリアにおいては、住民に対し、災害リスクや防災対策に関する情報の提供など、丁寧なリスクコミュニケーションを図っていくことが重要である。

その際、行政だけではなく、民間事業者等も含めた多様な主体・方法を通じ、様々な機会をとらえて災害リスク等に関する正しい情報提供等が積極的になされるような工夫が必要である。

なお、災害リスク等に関する正確な情報提供等を行うことにより、ハザードエリアにおいて、将来的な資産価値を考慮せず購入時における短期的な地価の安さのみに着目した住宅等の新規立地を抑制する効果も期待される。

○　国は、地方公共団体によるリスクコミュニケーションの取組に対し、技術面も含めた支援を積極的に行うべきである。

⑸　災害発生前のハザードエリアからの移転

○　ハザードエリアに居住する住民が災害の発生前に当該エリアの外に集団で移転することについては、合意形成等の面から困難な場合が多いが、住民が災害から身を守る選択肢の一つとして、防災集団移転等の公的事業による移転に加えて、住民の自主的な移転の誘導・支援に取り組むべきである。

その際、安全で豊かな生活を支えるコンパクトなまちづくりを進める観点から、移転先を居住誘導区域に誘導することにより、まちづくり政策全体の効果を高めるべきである。

○　また、移転の促進に当たっては、移転後の跡地をどのように利用・管理していくか（防災のための活用、農地・緑地等への転用、粗放的管理など）も課題となる。特に、自主的な移転の誘導の場合、面的ではなく個々に移転が進むこととなるため、跡地の利用・管理のあり方について、地域で合意形成を図ることが重要である。

その際、行政による取組には限界があるため、住民や民間からの提案を活用する仕組みも有効である。

○　国は、跡地の適正な管理・利用も含め、このような自主的な移転を誘導・支援するための仕組みづくりを検討すべきである。

⑹　土砂災害特別警戒区域等における開発許可のあり方

○　開発許可制度においては、都市計画法第33条第１項第８号により、土砂災害特別警戒区域等（注）での開発については原則許可しないこととされているが、自己居住用・自己業務用建築物目的の開発許可については、第三者に直接の影響を及ぼすおそれがないとの考えから同号の対象外とされ、許可対象となっている。

注：土砂災害特別警戒区域、災害危険区域、地すべり防止区域、急傾斜地崩壊危険区域

○　一方で、自己業務用の建築物に係る開発行為として土砂災害特別警戒区域等で許可された開発の中には、学校・旅館・集会所など不特定多数の者が利用する施設も含まれており、今後災害が発生した場合に不特定多数の利用者に被害を及ぼす可能性がある。

○　このような施設に係る開発については、特定の観光資源の活用など、その場所に立地する個別の事情も考慮する必要があるため、一律に禁止することは困難であるが、開発許可権者が災害リスクに関する情報提供を行って開発をできるだけ抑制したり、防災部局等と連携して利用者の安全確保を強化するなどの取組が求められる。

更なる検討課題

コンパクトシティの推進については、今回の提言に加え、なお以下のような課題があり、今後引き続き審議、検討することが必要である。

○　今般、立地適正化計画が令和元年度（2019年度）で制度創設５年を迎えることや、昨今の自然災害の頻発・激甚化等を踏まえ、様々な都市計画基本問題のうち、「コンパクトシティ政策」「都市居住の安全確保」をテーマとし、立地適正化計画については、居住誘導区域を中心に審議を進めたところであるが、都市機能誘導区域についても、誘導施設の確保、まちなかの歩きやすさなど利便性の向上等を通じて、コンパクトシティにおける内側を充実させていくことが必要であり、引き続き、今後のあり方を考えていくことが必要である。

また、コンパクト・プラス・ネットワークは、まちづくりと公共交通が車の両輪となって取り組むことが重要であるが、持続可能な公共交通ネットワーク形成の観点からも、その連携のあり方等を考えていくことが重要である。

○　自動運転など情報技術の進展や、ライフスタイル、コミュニティに対する新しい考え方の普及等の状況も踏まえて、空間のあり方を見直していくことも必要である。コンパクトシティの集約・誘導の考え方にとらわれないまちづくりの可能性も指摘されているが、この場合、人口減少下における市街地の拡散にどのように対応するか等、その都市像について具体的な絵姿が示される必要がある。

○　立地適正化計画に基づく即地的・具体的な取組が進められる中で、災害とのかかわり、市街化区域内の居住誘導区域外の区域のあり方、11号条例など開発許可制度とコンパクトシティ政策との関係など、都市計画そのものに関わる様々な問題が顕在化してきた。また、各々の都市構造に応じて、コンパクトシティに取り組む必要があることも明らかになってきている。

今後も、例えば、人口減少に伴う都市内の地価等の動向を踏まえた対応のあり方、市街化調整区域を含めた居住誘導区域外の区域における今後の動向を踏まえた具体的な将来像など、様々な課題が一層鮮明になることが予想される。

○　これに関連して、これまでの土地利用の状況等を考慮しつつ、自然が有する多面的な機能の活用や環境負荷の低減等のグリーンインフラの考え方も踏まえた都市の将来像の構築などの課題への対応が今後ますます求められてくることも考えられる。

○　こうした課題に対応し、今般取り上げたテーマ以外も含め、立地適正化計画や都市計画に係る現場の課題と制度・運用の見直しの相互作用を図りながら、都市計画基本問題を不断に検討していくべきである。

【参考】

１．都市計画基本問題小委員会のこれまでの審議経緯

○　今日の都市計画基本問題について、近年の社会情勢の変化により顕在化したもの、従来から構造的に生じているものを洗い出し、その解決に向けて講ずべき施策の方向性を幅広く検討するため、平成29年（2017年）２月に設置。

○　当面の検討テーマとして「都市のスポンジ化」を取り上げ、平成29年（2017年）８月に中間とりまとめを実施。

○　中間とりまとめを踏まえ、平成30年（2018年）に都市再生特別措置法が改正され、「低未利用土地権利設定等促進計画」「立地誘導促進施設協定」等の都市のスポンジ化対策　等に係る各種制度を創設。

○　本年２月20日の第９回小委員会から再開し、計７回の小委員会を開催して、以下のテーマを審議。

＜コンパクトシティ政策について＞

○　これからの人口減少社会における都市・地域政策の基本目標・方針は、コンパクトシティ政策の推進であるが、その中心である立地適正化計画制度については、令和元年度（2019年度）で制度創設５年を迎えることから、同制度の運用実態等を検証するとともに、コンパクトシティ政策の今後のあり方を検討。特に、以下の点を中心に審議。

㈠　立地適正化計画

①　計画の作成方針

・居住誘導区域の設定方針

⇒　都市機能誘導区域は、財政・税制上の措置等を講じて立地誘導を推進していることも踏まえ、今回は、居住誘導区域の設定に焦点を当てて審議。

・地域公共交通網形成計画など他の関連計画との一体性

・立地適正化計画における広域連携

②　居住誘導区域における魅力向上

③　非集約エリア（市街化区域内の居住誘導区域外）の将来像

④　コンパクトシティの説明強化

㈡　市街地拡散の抑制（開発許可制度等）

＜都市居住の安全確保について＞

○　平成30年７月豪雨など、昨今の自然災害の頻発・激甚化を踏まえ、治水対策・

土砂災害対策と併せて、災害リスクを勘案した安全な都市形成を推進することが重要な課題であり、災害の発生のおそれのある区域（ハザードエリア）における居住や施設立地等の土地利用のあり方を検討。

＜第９回委員会以降の審議経緯＞

（第９回）２月20日（水）18：00～19：30
・第８回以降、事務局において検討した課題について
・審議スケジュール等について

（第10回）３月13日（水）10：00～12：00
・コンパクトシティ政策について①

（第11回）３月29日（金）10：00～12：00
・コンパクトシティ政策について②

（第12回）４月16日（火）13：00～15：00
・都市居住の安全確保について①

（第13回）５月23日（木）10：00～12：00
・都市居住の安全確保について②

（第14回）６月11日（火）13：00～15：00
・論点整理、対策の方向性について

（第15回）６月28日（金）13：00～15：00
・中間とりまとめ案について

２．立地適正化計画の策定、制度活用状況等

①　策定状況

○　作成数300市町村（Ｒ２年末（2020年末））達成に向け、堅調に推移しており、現在、250都市で作成されている。【Ｒ元年（2019年）５月１日時点】

○　20～50万人規模の市町村の３／４が取り組んでいる一方で、10万人未満の中小規模の市町村の取組が遅れている。【Ｈ30年末（2018年末）】

②　立地適正化計画の内容

○　国が示している項目のうち、「ハザードエリアの状況」「公共交通利用者数」「地域別人口分布と生活サービス機能の立地状況」などの項目はほとんどの都市で分析を実施。一方で、「公共交通の運行頻度等の関係」「空き家状況」「地価動向」は、分析を行っていない都市も２～３割程度と比較的多い。

○　項目ごとの目標値の設定状況については、人口密度等が約65％、公共交通利用者数が約28％となっており、両指標が本計画の基幹的な指標であることに鑑みると、十分とは言えない状況。【Ｈ29年末（2017年末）】

＜居住誘導区域の設定＞

○　市街化区域が元々コンパクトな都市や都市計画区域の市街化が進んでいる都市では、居住誘導区域外となるべき市街化区域等がほとんどないため、居住誘導区域の設定率（居住誘導区域／市街化区域等）の妥当性を一律に評価することは難しいが、同区域の設定率については、40％以上の都市が約９割（設定率　70％以上の都市が５割強）【Ｈ30年末（2018年末）】となっており、人口密度を勘案すると設定率が高めと思われるところもある。

なお、設定率と人口密度については、緩やかな相関関係が見られる。

○　主な設定条件については、国において「公共交通の利便性」「都市機能又は生活利便施設の集積状況」「基盤整備」「人口密度」を示している。前２つを条件とした都市は多いが、後２つについては、条件としていない都市が多い。

○　市街化区域内と居住誘導区域内の人口密度については、市街化区域内と比較して居住誘導区域は高密、非集約エリアは低密の傾向。

○　目標年での趨勢人口と目標人口との関係については、趨勢人口に対し、政策効果による多少の上乗せをした目標設定をしている都市が一般的だが、当該上乗せについてかなり大きく設定している都市も一部見られる。

（参考）＜都市機能誘導区域の設定＞

○　設定率（都市機能誘導区域／市街化区域等）が40％以下の都市が約85％。【H30年末（2018年末）】

○　誘導施設については、市役所等の行政、医療・福祉、商業、金融、学校など様々。

③　他の計画、市町村内外との連携等

○　まちづくりに関わる様々な施策との連携については、各都市が重要と考える連携分野として、「地域公共交通」「都市再生・中心市街地活性化」「医療・福祉」「子育て」が多い状況。

○　立地適正化計画と都市計画マスタープランや地域公共交通網形成計画を同時期に作成・公表している都市は一定程度にとどまっている。（都市計画マスタープラン：27.4％、地域公共交通網形成計画：38.2％）【H30年末（2018年末）】

○　複数市町村により、立地適正化計画に関する基本方針を策定する事例もある（中播磨圏域（姫路市等）、館林都市圏（館林市等）など）。

④　立地適正化計画の各種制度の活用状況

＜届出・勧告＞【H30年末（2018年末）】

○　届出を受けている市町村は一定程度出てきており、届出を受けての情報提供等に工夫している市町村もある。

・都市機能誘導区域外では、約47％（87／186都市）が届出を受けており、うち、あっせん・勧告０、情報提供等25都市。

（情報提供等の例）

・立地適正化計画の主旨、誘導区域に立地する場合の支援措置等

・誘導区域での開発・建築についての検討要請

・居住誘導区域外では、約69％（106／154都市）が届出を受けており、うち、あっせん・勧告１、情報提供等29都市。

（情報提供等の例）

・立地適正化計画の主旨等

・売却検討中の市有財産情報

・土砂災害警戒区域等の災害リスク

（勧告の例）

・防災対策区域において地階を居室利用する建築行為に対し是正するよう勧

告

⇒　地階の居室利用をとりやめる結果となった

<特定用途誘導地区等>【H30年末（2018年末）】

・居住調整地域：１都市（青森県むつ市）

・駐車場配置適正化区域：１都市（石川県金沢市）

・特定用途誘導地区：２都市（京都府長岡京市、広島県廿日市市）

・跡地等管理区域：なし（検討中：４都市）

<都市のスポンジ化対策>

○　立地適正化計画への記載状況【H31年（2019年）３月末】

・低未利用土地権利設定等促進計画に関する事項：27都市

・立地誘導促進施設協定に関する事項：27都市

⑤　立地適正化計画の効果

○　立地適正化計画は、中長期的な視点で都市構造の転換を図る取組であり、人口集積、誘導施設の誘導状況のみで直ちに効果を測るものではないが、これらの現況は以下のとおり。

・居住誘導区域への人口の集積状況：市町村の全人口に対して、居住誘導区域内の人口の占める割合が増加した都市は約７割（44／63都市）。【H29年（2017年）４月⇒H30年（2018年）４月】

・都市機能誘導区域への誘導施設の集積状況：市町村全域に存する誘導施設数に対して、都市機能誘導区域内における誘導施設の占める割合が維持・増加した都市は約６割（63／100都市）。【H29年（2017年）４月⇒H30年（2018年）４月】

⑥　コンパクトシティへの理解を深める取組

○　モデル都市について、第１弾10都市【H29年（2017年）５月】、第２弾11都市【H30年（2018年）６月】を選定済。健康や公共交通などの関連政策を効果的に組み合わせた事例がある。

（モデル都市の例）

・健康（医療・福祉）：見附市　等

（まちなかに出て歩きたくなるまちづくりを通じた住民の健康増進）

・公共交通：岐阜市、熊本市　等
・子育て：大東市　等
（子育て世代のニーズに即した住宅整備や保育所等の誘導）

○　住民へのアプローチとして、アンケートや説明会のほか、ワークショップやパネル展示を行うオープンハウス型の説明会などが行われている。将来の市街地像を示す等の住民に訴えるようなPRを行っている市町村もある（福山市）。

3．開発許可制度の運用状況

○　市街化調整区域における開発許可件数及び面積は11,339件、1,851ha。このうち、11号条例による許可は4,084件（約36％）、329ha（約18％）。【H29年度（2017年度）】

中間とりまとめ　参考資料

国土交通省
Ministry of Land, Infrastructure, Transport and Tourism

都市計画法に基づく開発許可件数

国土交通省

※市街化区域については1,000㎡以上（三大都市圏は500㎡以上）が申請対象

- ○ 全国の開発許可件数は21,718件で面積は6,882ha（H29年度）
- ○ 市街化区域の開発許可件数※は8,792件で全体の約40%、面積は2,910haで全体の約42%
- ○ <u>市街化調整区域の開発許可件数</u>は11,339件と<u>全体の約52%</u>、面積は1,851haで全体の約27%

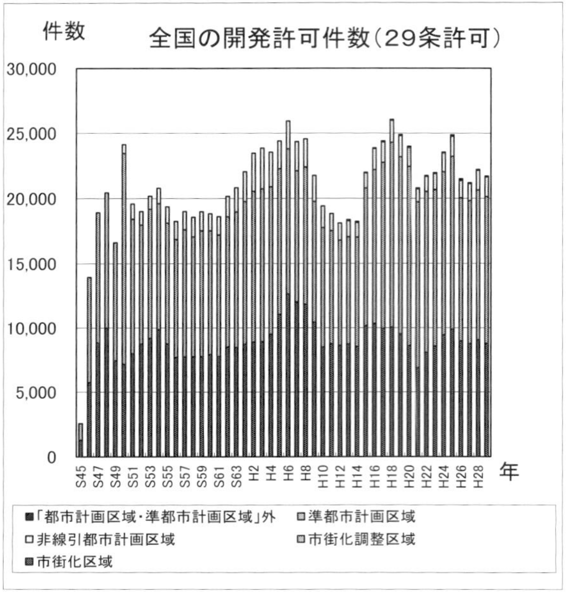

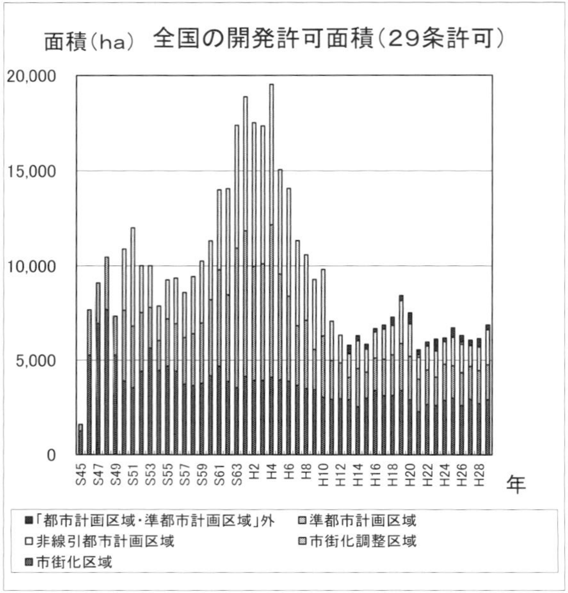

市街化調整区域での開発行為の推移

国土交通省

○ 法第34条１号から９号及び１３号に定める「本則許可」に該当する許可実績はそれほど多くなく、「既存宅地（詳細後述）」や「条例緩和」の実績の割合が高い。

件数　市街化調整区域内の開発許可等の実績推移（件数）

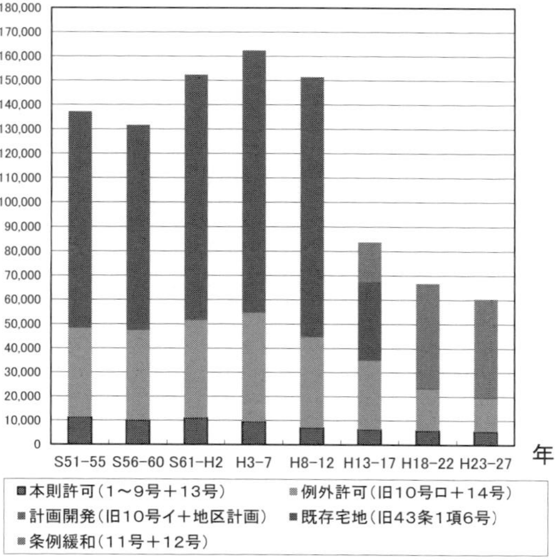

面積（ha）　市街化調整区域内の開発許可等の実績推移（面積）

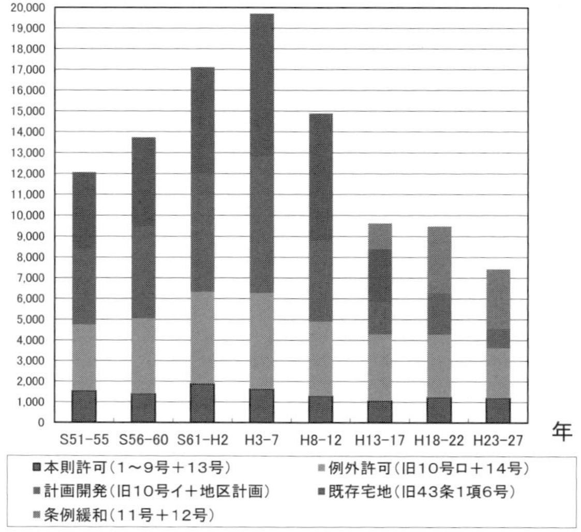

法第34条各号別開発許可件数・面積

国土交通省

○ 法第34条各号別では11号に基づく許可件数（4,084件）が最も多く全体の許可件数の36%を占めている。
○ 一方、面積は個別審査である14号（463ha）が最も多く全体の28%を占める。　※いずれもH29年度

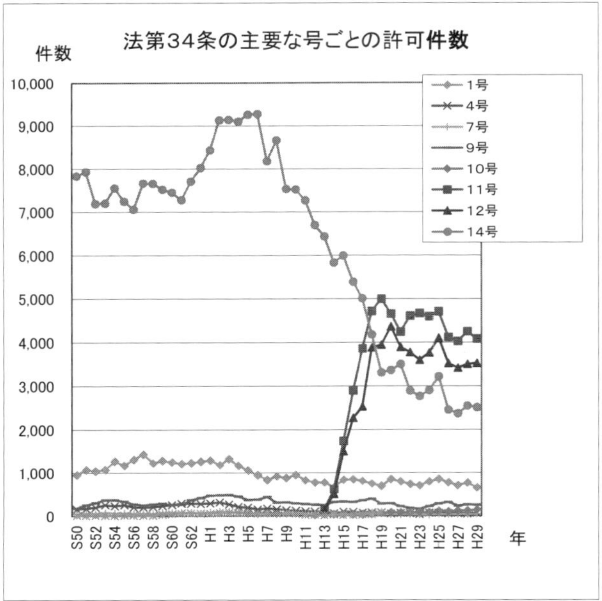

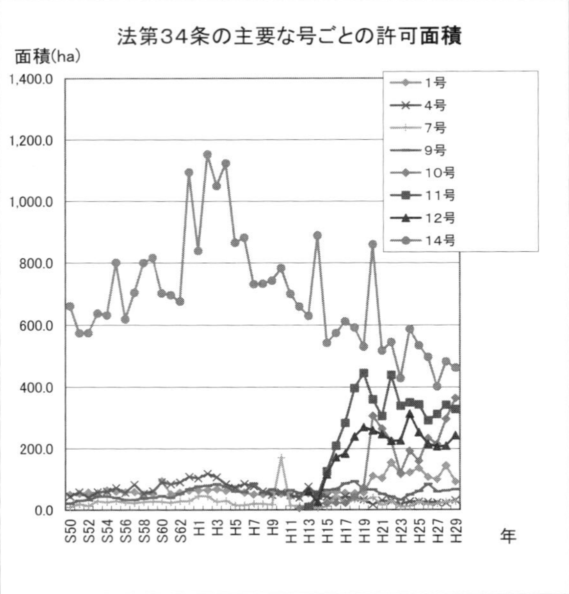

都市計画法第34条第11号に基づく条例（11号条例）による開発

国土交通省

○　都市計画法第34条第11号は、以下の全ての要件を満たす地域であって、条例で指定した地域において、指定した用途に係る開発行為を市街化調整区域で許容している（通称「11号条例」）。

- 市街化区域に隣接、近接している地域
- 市街化区域と一体的日常生活圏を構成している地域
- おおむね50戸以上の建築物が連たんしている地域

↓

既に相当程度公共施設が整備されていることが想定され、また隣接、近接する市街化区域の公共施設の利用も可能であるため、開発行為が行われたとしても、積極的な公共投資は必ずしも必要とされず、スプロール対策上支障がないとの考え。

※　災害発生の恐れのあるエリア、優良な集団農地等は対象区域から除外することとなっている（都市計画法施行令第29条の8）。

【11号条例制定の経緯】
11号条例制定前は、既存宅地であることが確認された区域で一定の条件を全て満たすものは建築許可不要（通称「**既存宅地確認制度**」）であった。

↓

不調和な建築物が建築されるなど無秩序な市街化の原因となっていたため、平成12年の法改正により、許可要件を条例で定め許可に係らしめることとなった。

11号条例に基づく「にじみ出し的な開発」について

国土交通省

○ 11号条例の対象区域を市街化調整区域内で<u>広範囲に設定</u>していることで、にじみ出し的な開発が進み、<u>スプロールが進行</u>してしまう場合がある。

「にじみ出し的な開発」とは？

にじみ出し無し

（例）<u>市街化調整区域内の一定区域</u>を11号区域として指定
連たん数50戸、連たん距離50mを満たすものを許可

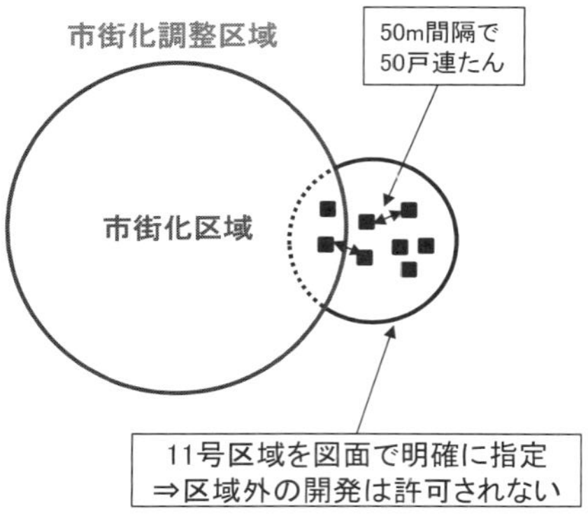

にじみ出し有り

（例）<u>市街化調整区域全体</u>または<u>広域</u>を11号区域として指定
連たん数50戸、連たん距離50mを満たすものを許可

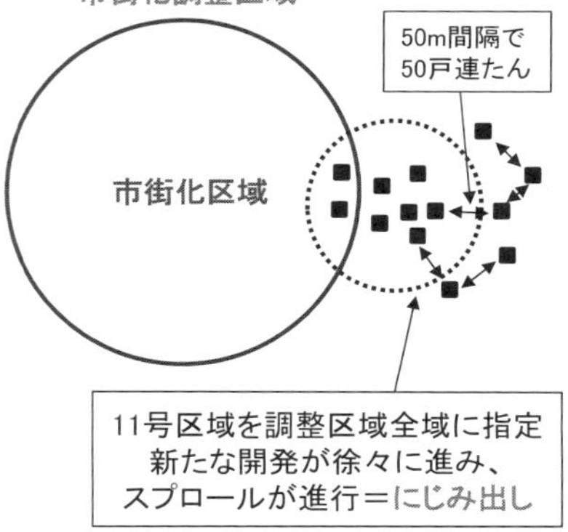

11号条例の制定状況①　にじみ出し的な開発

国土交通省

○ 市街化調整区域を有する自治体の約半数が11号条例を制定。
そのうち3割弱がにじみ出し的な開発を認めており、市街化調整区域におけるスプロールが懸念される。

市街化区域に隣接し、又は近接し、かつ、自然的社会的諸条件から市街化区域と一体的な日常生活圏を構成していると認められる地域であっておおむね五十以上の建築物（市街化区域内に存するものを含む。）が連たんしている地域のうち、政令で定める基準に従い、都道府県等の**条例で指定する土地の区域内**において行う開発行為で、予定建築物等の用途が、開発区域及びその周辺の地域における環境の保全上支障があると認められる用途として都道府県の条例で定めるものに該当しないもの

法第34条第11号に基づく条例の制定　　**にじみ出し的な開発について**

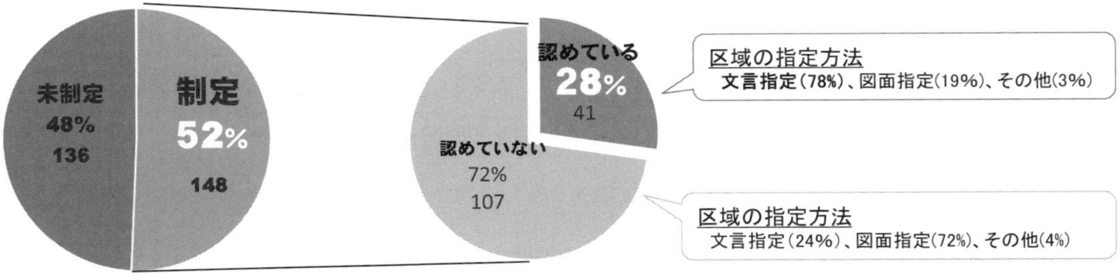

11号条例の制定が可能な開発許可権者（都道府県、指定都市、中核市、特例市、全部処理市町村のうち、市街化調整区域を有する自治体に対し、アンケート調査を実施。そのうち、回答いただいた284市町村について集計したもの。（平成30年4月末時点の状況）

11号条例の制定状況② にじみ出し的な開発に関する条例での規定例　国土交通省

○ 文言指定の場合

第●条　法第34条第11号の対象となる区域は，市街化調整区域のうち，次のいずれかに該当する土地の区域とする。

a　敷地間の距離が50メートルを超えない距離に位置している建築物（市街化区域に存するものを含む。）が50以上連たんしている土地の区域

b　前号に規定する土地の区域の境界線から最短距離が50メートル以内の土地の区域

➡ 区域を図面指定していないため、にじみ出し的な開発でスプロールが懸念される

○ 図面指定の場合

第△条　法第34条11号の条例で指定する土地の区域は市長が条例で指定する区域内における開発行為等であって以下に掲げる要件のいずれにも該当するものであること

a　敷地間の距離が50メートルを超えない距離に位置している建築物（市街化区域に存するものを含む。）が50以上連たんしている土地の区域

b　市長が別図で指定する土地の区域

図面指定しているが、区域の指定が広範囲

➡ 区域の指定が広範囲で、スプロールが懸念される

＜別図イメージ＞

11号区域 →

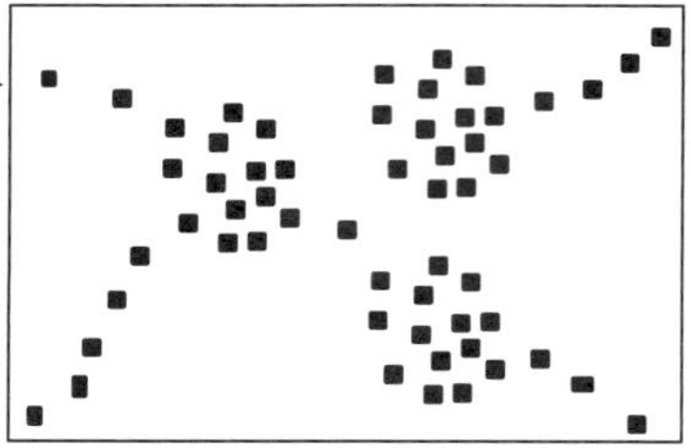

※おおむね50戸以上の建築物が連たんしている地域を指定することとされているが、自治体により地域の捉え方に差異があるため、広範囲に指定される場合がある。

11号条例の制定状況③　市街化区域に隣近接

国土交通省

○「市街化区域に隣接・近接」の要件として、何らかの形で距離を考慮している自治体は過半数。
一方、距離を考慮していない自治体の一部は市街化調整区域全域を11号条例の対象区域としている。

市街化区域に隣接し、又は近接し、かつ、自然的社会的諸条件から市街化区域と一体的な日常生活圏を構成していると認められる地域であっておおむね五十以上の建築物（市街化区域内に存するものを含む。）が連たんしている地域のうち、政令で定める基準に従い、都道府県等の条例で指定する土地の区域内において行う開発行為で、予定建築物等の用途が、開発区域及びその周辺の地域における環境の保全上支障があると認められる用途として都道府県の条例で定めるものに該当しないもの

市街化区域に隣接・近接の判断基準

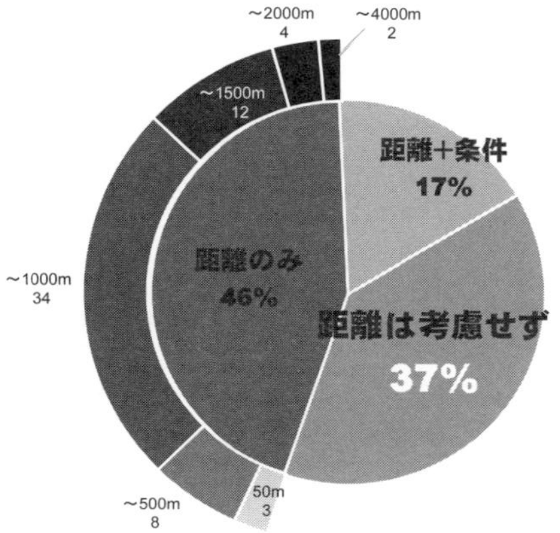

「距離＋条件」の例
・市街化区域からの距離が1,000m以内で、宅地化率が40%以上であること

「距離は考慮せず」の場合の指定方法
※全52自治体のうちコメントで回答が多かったものを記載
・市街化調整区域全域もしくは大部分が市街化区域と近接していると判断している（20）
・旧町役場前など既存の集落地域を指定している（7）
・道路、下水等の公共施設の整備がなされている地域（5）

アンケート調査に回答いただいた284市町村のうち、11号条例を制定しており、かつ「市街化区域に隣接し、又は近接し」の判断について回答があった139市町村について集計したもの。（平成30年4月末時点の状況）

11号条例の制定状況④　市街化区域と一体的な日常生活圏を構成

国土交通省

○「市街化区域と一体的な日常生活圏を構成している」の要件として、①～③を運用指針に示しているが、要件化している自治体において36%～45%となっており、突出して多く要件化されているものはない。

市街化区域に隣接し、又は近接し、かつ、自然的社会的諸条件から市街化区域と一体的な日常生活圏を構成していると認められる地域であっておおむね五十以上の建築物（市街化区域内に存するものを含む。）が連たんしている地域のうち、政令で定める基準に従い、都道府県等の条例で指定する土地の区域内において行う開発行為で、予定建築物等の用途が、開発区域及びその周辺の地域における環境の保全上支障があると認められる用途として都道府県の条例で定めるものに該当しないもの

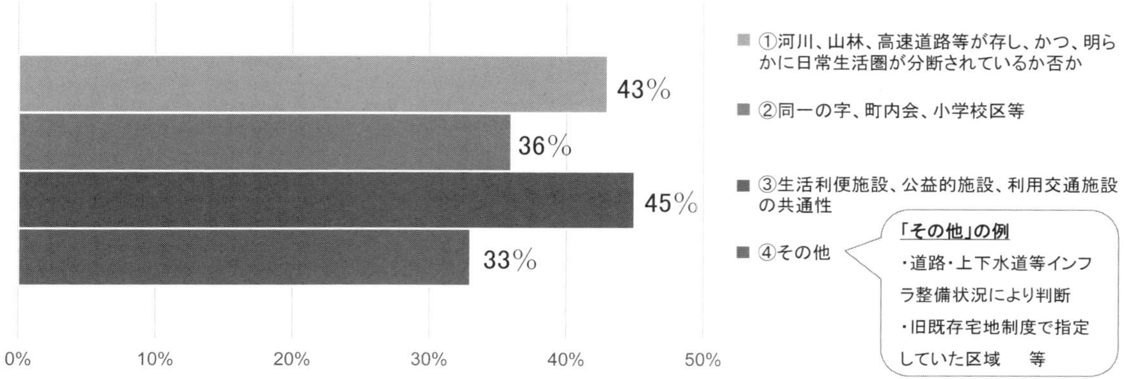

アンケート調査に回答いただいた284市町村のうち、11号条例を制定しており、かつ「自然的社会的諸条件から市街化区域と一体的な日常生活圏を構成していると認められる地域」の判断について要件化していると回答があった124市町村について集計したもの。（平成30年4月末時点の状況）

11号条例の制定状況⑤　市街化区域と一体的な日常生活圏を構成

国土交通省

○ 条例を制定している自治体のうち89%の自治体が①～④いずれかを要件化している。
要件化していない自治体の一部では条文の要件を特に考慮していない。

市街化区域に隣接し、又は近接し、かつ、自然的社会的諸条件から市街化区域と一体的な日常生活圏を構成していると認められる地域であっておおむね五十以上の建築物（市街化区域内に存するものを含む。）が連たんしている地域のうち、政令で定める基準に従い、都道府県等の条例で指定する土地の区域内において行う開発行為で、予定建築物等の用途が、開発区域及びその周辺の地域における環境の保全上支障があると認められる用途として都道府県の条例で定めるものに該当しないもの

市街化区域と一体的な日常生活圏を構成の判断基準

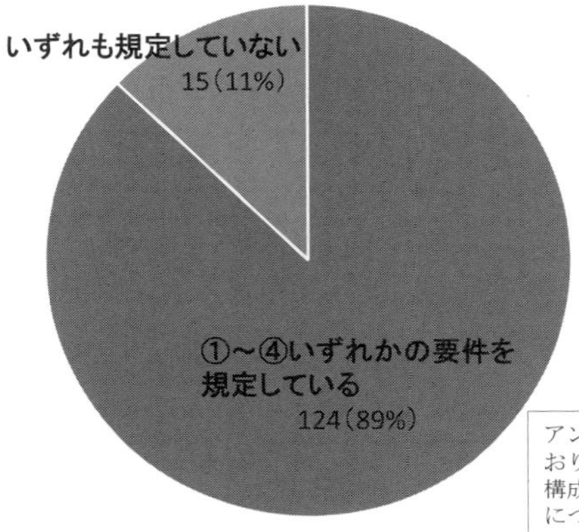

【運用指針で定める要件】

①河川、山林、高速道路等が存し、明らかに日常生活圏が分断されているか否か

②同一の字、町内会、小学校区等

③生活利便施設、公益的施設、利用交通施設の共通性

④その他

アンケート調査に回答いただいた284市町村のうち、11号条例を制定しており、かつ「自然的社会的諸条件から市街化区域と一体的な日常生活圏を構成していると認められる地域」の判断について回答があった139市町村について集計したもの。（平成30年4月末時点の状況）

11号条例の制定状況⑥　連たんの判断基準

国土交通省

○ 連たん戸数については、条文を踏まえ、50戸を要件としている自治体が多い。また、連たんを判断する距離は50mとしている自治体が多い。

市街化区域に隣接し、又は近接し、かつ、自然的社会的諸条件から市街化区域と一体的な日常生活圏を構成していると認められる地域であっておおむね五十以上の建築物（市街化区域内に存するものを含む。）が連たんしている地域のうち、政令で定める基準に従い、都道府県等の条例で指定する土地の区域内において行う開発行為で、予定建築物等の用途が、開発区域及びその周辺の地域における環境の保全上支障があると認められる用途として都道府県の条例で定めるものに該当しないもの

連たん戸数

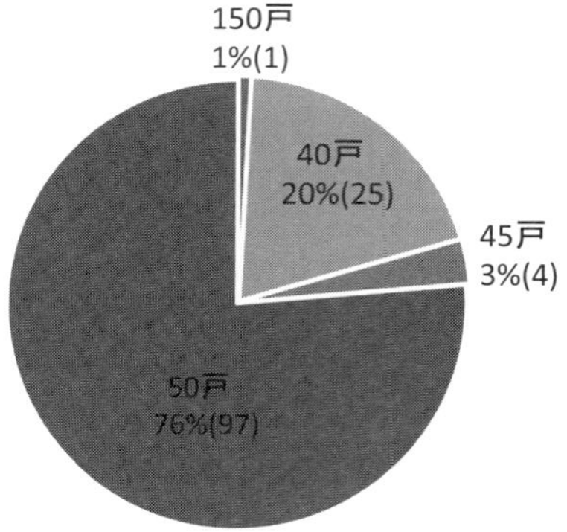

※戸数を定めていない市町村(21)は除く

建築物(又は敷地)と建築物の距離

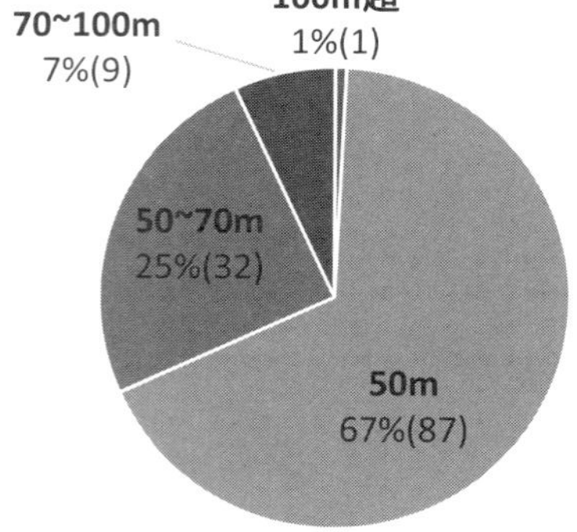

※距離要件を定めていない市町村(19)は除く

アンケート調査に回答いただいた284市町村のうち、11号条例を制定している148市町村について集計したもの。（平成30年4月末時点の状況）

郊外部でなお進行する宅地化①

国土交通省

＜K市の事例＞

○　K市ではH18年に条例が施行されたが、対象区域を地理的に限定せず、一定の要件を満たせば調整区域の地域で開発可能とした。この結果、調整区域での開発許可件数は2倍以上に増加し、スプロール化が進行したことから、H23年に条例は廃止された。

○　なお、条例適用期間中、転入者の増加は見られたものの、市内及び近隣市町からの流入が全体の7割を占め、広域的な観点からの人口増加の効果は限定的であったといえる。

法第34条第11号及び第12号の開発許可状況（K市）

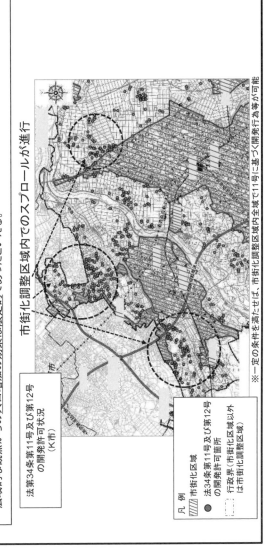

市街化調整区域内でのスプロールが進行

凡　例
市街化区域
法34条第11号及び第12号の開発許可箇所
行政界（市街化区域以外は市街化調整区域）

※一定の条件を満たせば、市街化調整区域内全域で11号に基づく開発行為等が可能

郊外部でなお進行する宅地化②

国土交通省

＜H市の事例＞

○ H市では市街化調整区域のうち、11号条例の対象区域として2,465ha(約48%)を指定(H15)した(H22に1,201haに縮小)。

○ 開発許可事案(専用住宅、分譲住宅、アパート等)のほとんどが11号条例区域内で行われる一方、市街化区域内では人口減少するエリアが多くなっている。

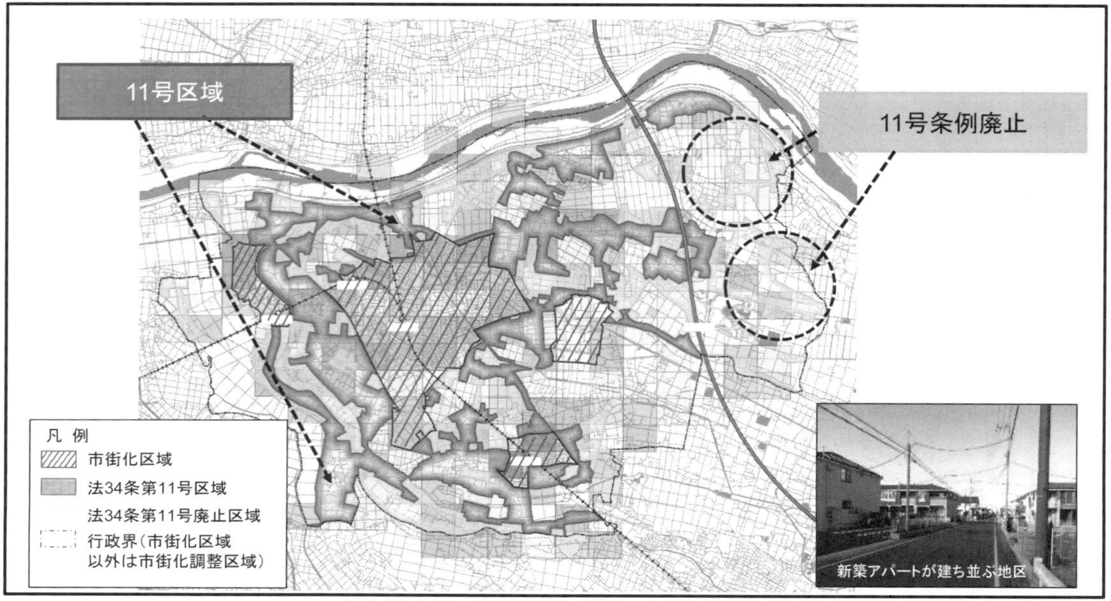

郊外部でなお進行する宅地化③

国土交通省

＜U市の事例＞

○　U市では郊外部まで市街地が広がり、生活に身近な施設が拡散。このため、人口減少・超高齢社会を見据えたネットワーク型コンパクトシティの形成を目指し、H30年4月に「市街化調整区域整備及び保全の方針」を改定。

○　集落の無秩序な拡大を抑制するため11号条例をH32年3月末に廃止し、市街化調整区域では地域拠点や小学校周辺地域に限って地域住民や民間事業者の発意により地区計画の策定が可能となる制度の要件を緩和。計画的な居住地の形成を図ることとした。

1976(S51)

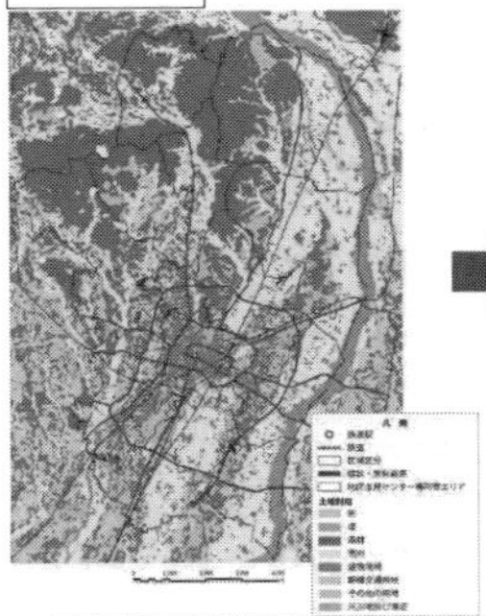

2014(H26)

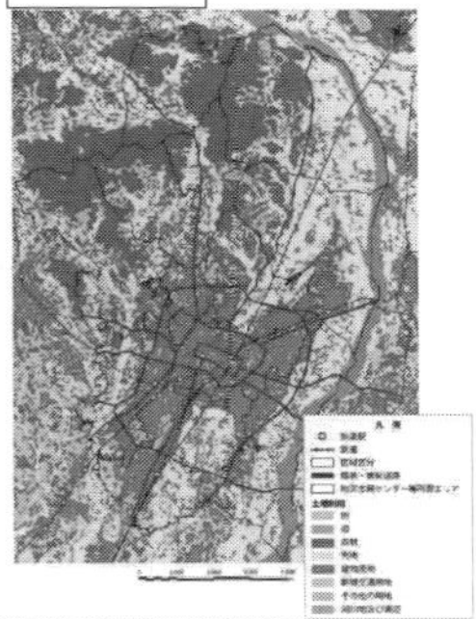

	1976年		2014年
宅地面積	4,484ha	⇒	11,453ha（約2.6倍）
農地面積	18,710ha	⇒	14,929ha（約2割減）
森林面積	12,205ha	⇒	9,865ha（約2割減）
人　口	約37万人	⇒	約52万人（約1.4倍）

※郊外部まで市街地が広がり、生活に身近な施設が拡散

11号条例を廃止し、市街化調整区域では地域拠点等に限って地区計画制度を活用し計画的な居住地の形成を図る

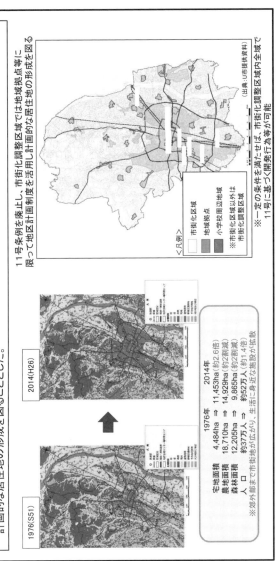

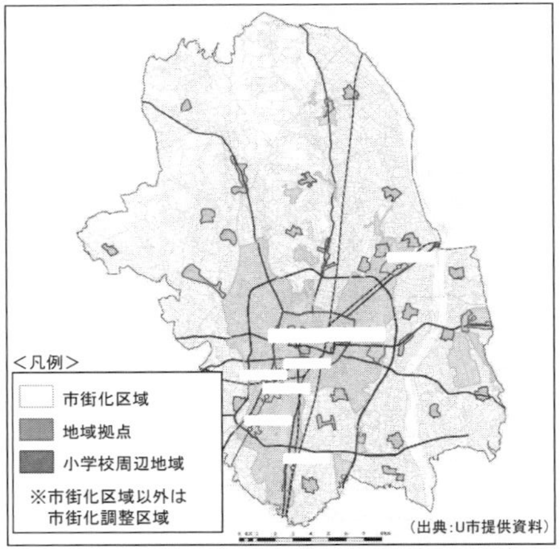

（出典：U市提供資料）

※一定の条件を満たせば、市街化調整区域内全域で11号に基づく開発行為等が可能

U市における市街化調整区域の地区計画について

国土交通省

＜U市における新たな地区計画制度＞

○ 市街化調整区域内の地域拠点、小学校周辺に限定し地区計画が策定可能

○ 従来の地区計画の最低面積要件を10,000㎡以上としていたところを5,000㎡まで緩和

○ 地域が主体の地区計画の策定が円滑に進むよう、アドバイザー派遣等の支援を実施

■地域拠点内

地区計画制度*1の拡充

・計画的に道路や宅地等を整備する手法である「地区計画制度」を使いやすくし，住宅や店舗等を地域拠点に誘導しやすい環境を形成

開発許可基準の見直し

・店舗等の床面積の緩和

■地域拠点や既存集落等

地域のまちづくりを支援

・地域が主体となって行う地区計画制度の活用などに対して，専門家（ｱﾄﾞﾊﾞｲｻﾞｰ）を派遣し支援

■市街化調整区域全体

営農環境の保全

・農地等の自然環境保全の観点から，無秩序に集落等から外に拡がる住宅開発を抑制

・農業従事者の居住環境の維持や農業生産基盤の保全に向け，分家住宅等を維持していく

*1　地区計画の活用イメージ

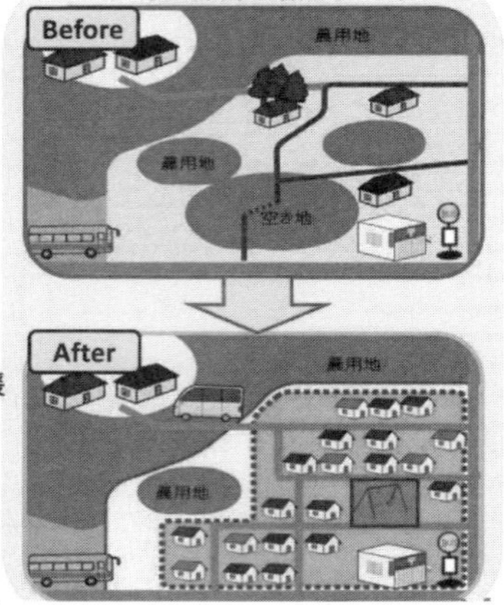

（出典：U市ホームページ掲載資料より国土交通省で作成）

開発許可におけるハザードエリアの取扱い①

国土交通省

- ○ 開発許可にあたっては、道路・公園・給排水施設等の確保、防災上の措置等に関する基準について審査することとなっている（都市計画法第33条）。
- ○ 本基準の中で、宅地の安全上必要な措置が講ぜられるように設計を求めている（都市計画法第33条第1項第7号）。
- ○ あわせて、自己居住用・自己業務用以外については、土砂災害特別警戒区域等における開発行為を原則として禁止している（都市計画法第33条第1項第8号）。　➡ 詳細次ページ

【都市計画法】
（開発許可の基準）
第三十三条　都道府県知事は、開発許可の申請があつた場合において、当該申請に係る開発行為が、次に掲げる基準（第四項及び第五項の条例が定められているときは、当該条例で定める制限を含む。）に適合しており、かつ、その申請の手続がこの法律又はこの法律に基づく命令の規定に違反していないと認めるときは、開発許可をしなければならない。

一～六　（略）

七　地盤の沈下、崖崩れ、出水その他による災害を防止するため、開発区域内の土地について、地盤の改良、擁壁又は排水施設の設置その他安全上必要な措置が講ぜられるように設計が定められていること。（後段略）

八　主として、自己の居住の用に供する住宅の建築又は住宅以外の建築物若しくは特定工作物で自己の業務の用に供するものの建築又は建設の用に供する目的で行う開発行為以外の開発行為にあつては、開発区域内に建築基準法第三十九条第一項の災害危険区域、地すべり等防止法（昭和三十三年法律第三十号）第三条第一項の地すべり防止区域、土砂災害警戒区域等における土砂災害防止対策の推進に関する法律（平成十二年法律第五十七号）第九条第一項の土砂災害特別警戒区域その他政令で定める開発行為を行うのに適当でない区域内の土地を含まないこと。ただし、開発区域及びその周辺の地域の状況等により支障がないと認められるときは、この限りでない。

九～十四　（略）

2～8　（略）

【都市計画法施行令】
（開発行為を行うのに適当でない区域）
第二十三条の二　法第三十三条第一項第八号（法第三十五条の二第四項において準用する場合を含む。）の政令で定める開発行為を行うのに適当でない区域は、急傾斜地の崩壊による災害の防止に関する法律（昭和四十四年法律第五十七号）第三条第一項の急傾斜地崩壊危険区域とする。

開発許可におけるハザードエリアの取扱い②

国土交通省

○ 土砂災害特別警戒区域等における自己居住用・自己業務用について、開発許可申請があった場合には、開発許可権者から申請者に対し、その危険性について注意喚起を行う等、申請者が当該区域の状況を判断できるよう、適切に情報提供を行うよう開発許可権者（地方公共団体）に通知している（H27.1.18）。

○ 土砂災害警戒区域等、浸水想定区域等における開発行為についても同様に、適切に情報提供を行うよう開発許可権者（地方公共団体）に通知している（H27.1.18）。

区　域	開発許可
土砂災害特別警戒区域等　注1	不許可 ※ 自己居住用・自己業務用は許可可能。ただし、申請者に災害の危険性を情報提供（H27.1.18通知） ※土砂災害特別警戒区域等の解除見込みがある場合は許可可能
土砂災害警戒区域、浸水想定区域等　注2	許可可能 ※ 申請者に災害の危険性を情報提供（H27.1.18通知）

注1　土砂災害特別警戒区域、災害危険区域、地すべり防止区域、急傾斜地崩壊危険区域。なお、災害危険区域においては、建築基準法第39条に基づき、条例によって、住居の用に供する建築物の建築の禁止等、建築に関する災害防止上必要な制限が課されている。

注2　土砂災害警戒区域、津波災害警戒区域（津波災害特別警戒区域を含む）、浸水想定区域、都市洪水想定区域、都市浸水想定区域、土砂災害警戒区域における基礎調査、津波浸水想定における浸水の区域及びその他の調査結果等により判明した災害の発生のおそれのある区域

通知を踏まえた災害の危険性の情報提供の状況

国土交通省

○ 概ね8割の自治体では情報提供を行っているが、2割強の自治体は情報提供を行っていない。

開発区域に土砂災害特別警戒区域等が含まれる場合、情報提供を行っているか？

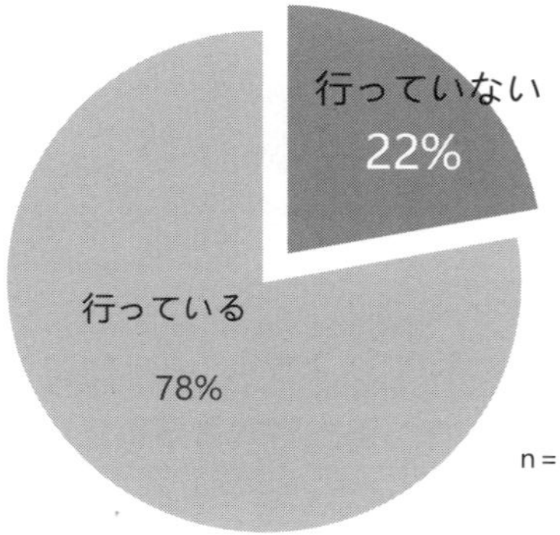

開発区域に土砂災害警戒区域等が含まれる場合、情報提供を行っているか？

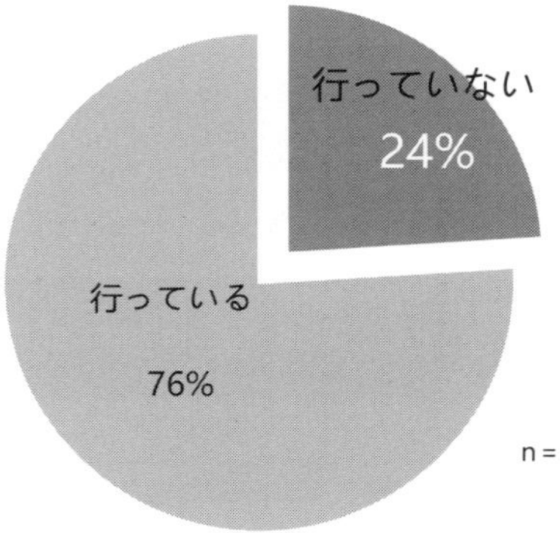

すべての開発許可権者（590自治体）に対しアンケート調査を実施。
そのうち、回答のあった自治体について集計。
（調査期間：平成30年11月28日～12月19日）

➡ **適切な情報提供を行うよう開発許可権者宛に再通知（平成31年3月19日）**

国土交通省

自己居住用・自己業務用の開発の現状

○ 自己居住用・自己業務用の開発については、第三者に直接の影響を及ぼすおそれがないことから、土砂災害特別警戒区域等であっても開発許可が可能。

○ 自己居住用の開発については、開発許可全体（住宅用途）に占める割合は低い。

○ 自己業務用の開発について、許可したものには学校・旅館・集会所等の不特定多数が利用する施設も含まれる。

土砂災害特別警戒区域等における開発状況（平成28〜30年度 注1）

	災害危険区域 注2		土砂災害 特別警戒区域	地すべり防止区域	急傾斜地 崩壊危険区域
	住居禁止	その他建築の制限 （構造制限等）			
自己居住用 合計：32件 注3	／	18件	6件	1件	7件
自己業務用 合計：41件 注4	0件	8件	25件	2件	6件
	—	認定こども園 有料老人ホーム 等	老人福祉施設 保育園 児童福祉施設 小学校・中学校（4） 工場・倉庫（4） 旅館・ホテル（2） 教会・寺院（2） 事務所（2） 社会福祉施設 葬祭会館　等	事務所兼倉庫 商店	病院 自治会館 工場　等

土砂災害防止法における要配慮者施設のため、土砂災害防止法に基づく安全性の確保がなされている。
※ 土砂災害特別警戒区域において建築予定の建築物が要配慮者施設である場合、土砂災害防止法に基づき開発にあたり都道府県知事の許可が必要であり、都道府県知事は対策工事について確認

すべての開発許可権者（590自治体）に対しアンケート調査を実施。
そのうち、回答のあった494自治体について集計。
（調査期間：平成30年11月28日〜12月19日）

注1　平成30年度は9月末までの実績
注2　災害危険区域においては、建築基準法第39条に基づき、条例によって、住居の用に供する建築物の建築の禁止等、建築に関する災害防止上必要な制限が課されている。また、構造制限など一定の基準を満たせば建築可能なケースも多い。
注3　全国の住宅用途の開発許可件数比0.07%（平成30年度の全国の住宅用途開発許可件数は未計測のため、平成28及び29年度の数値により算出）
注4　全国の非住宅用途の開発許可件数比0.4%（平成30年度の全国の非住宅用途開発許可件数は未計測のため、平成28及び29年度の数値により算出）

令和２年改正都市計画法等による

開発許可制度の要点

2021年９月22日　第１版第１刷発行

編著　開発許可制度研究会

発行者　箕　浦　文　夫

発行所　株式会社大成出版社

東京都世田谷区羽根木１－７－11
〒156-0042 電話 03(3321)4131(代)

印刷　信教印刷

ISBN978-4-8028-3447-6